LES SCIENCES PARALLÈLES

ou la sagesse des fous

Marc Hallet

Les Sciences parallèles

ou la sagesse des fous

Espace de Libertés
Éditions du
Centre d'Action laïque

Cet ouvrage a été publié avec l'aide
de la
Communauté française Wallonie-Bruxelles.

Centre d'Action laïque
Campus de la Plaine, c.p. 236
Boulevard du Triomphe
1050 Bruxelles

La charge de faire la preuve, dans les sciences,
pèse sur ceux qui allèguent un fait.

ERNEST RENAN

INTRODUCTION

La science ou les sciences : chacun sait, ou croit savoir, ce dont il s'agit.

Mais que sont les "sciences parallèles" ?

Pour les rationalistes, les sciences parallèles sont, tout simplement, des sciences qui n'en sont pas, à savoir de fausses sciences ou plutôt des disciplines intellectuelles qui n'ont de scientifique que le nom ou le masque trompeur derrière lequel elles s'abritent pour s'épanouir et proliférer.

Cette définition, bien qu'assez juste, est néanmoins un peu courte. En effet, nous le verrons tout au long du présent ouvrage, les sciences parallèles sont le refuge de *croyances* extravagantes et se caractérisent par un *sectarisme* qui s'oppose à la science "officielle", laquelle est présentée comme l'ennemie de *La Vérité*.

Chez les adeptes des sciences parallèles, il n'y a pas de place pour le doute scientifique. Ils ne connaissent que les certitudes faciles. Certains d'entre eux n'hésitent pas à proclamer que les scientifiques sont des ânes, des charlatans, des conspirateurs et même des criminels.

Qui dit science dit recherche, et qui dit recherche dit chercheurs. On parlait même, jadis, de savants, mais ce terme est tombé en désuétude à mesure que les disciplines scientifiques se sont multipliées et que le savoir s'est compartimenté et spécialisé. On parle donc aujourd'hui des "scientifiques" ou des "chercheurs scientifiques". De nos jours, on semble vouloir opposer l'image du savant humaniste et philosophe à celle des scientifiques qui passent pour responsables de tout ce qui est contraire au " naturel ". Inversement, les chercheurs parallèles jouissent de la faveur d'un large public parce qu'ils s'opposent de toutes leurs forces aux scientifiques qui ont l'air de conspirer contre le bien-être des humains en un langage que personne ne peut comprendre.

Une personne non avertie serait tentée de dire que les idées étranges, les raisonnements boiteux et les théories fantasmagoriques ne peuvent prendre naissance que dans des cerveaux fêlés. Les chercheurs parallèles seraient-ils donc, n'ayons pas peur des mots, de doux dingues ? Tout de même pas ! La plupart d'entre eux sont des gens intelligents, parfois même très intelligents. Il en est même qui sont d'authentiques scientifiques. Mais ils ne jouissent pas d'une saine logique et ont de nettes tendances paranoïaques. Nous verrons cela.

Il est malheureusement impossible de faire un tour d'horizon complet de toutes les sciences parallèles en approfondissant pour chacune l'abondante littérature qui leur a été consacrée. Qu'on songe seulement à la masse d'écrits qui furent publiés à propos de l'Atlantide ou du spiritisme : de quoi remplir des bibliothèques !

Notre but n'est donc pas de dresser un catalogue. Nous désirons, avant tout, démonter le mécanisme de la pensée illogique et mettre en évidence certaines constantes qui caractérisent son apparition, son développement et sa diffusion.

I

LES BALIVERNES DE L'HISTOIRE

LA PYRAMIDOLOGIE

Piazzi Smyth

À Londres, en 1859, parut un livre d'un certain John Taylor. Il y était abondamment question des mystères de la Grande Pyramide qui, selon l'auteur, avait été construite par... Noé!

Cet ouvrage impressionna vivement Charles Piazzi Smyth, un jeune professeur de l'Université d'Edimbourg qui avait été nommé astronome royal à l'âge de vingt-huit ans et qui avait été un collaborateur de l'illustre Herschell. En 1864, Smyth publia un premier livre consacré aux mystères de la Grande Pyramide puis partit pour l'Égypte, emportant dans ses bagages un grand nombre d'idées préconçues...

Sur place, il entreprit de mesurer la Grande Pyramide en tous sens. Parmi les milliers de pierres, il en découvrit bientôt une qui devint la "pierre étalon", grâce à laquelle il lui fut possible de calculer le pouce pyramidal qu'avaient utilisé, selon lui, les Égyptiens. Ce pouce n'était guère différent du pouce anglais parce que Smyth était, avec Herschell, un adversaire du système métrique et qu'il entendait bien prouver que, contrairement au mètre, le pouce anglais provenait d'une unité de mesure d'origine divine approuvée par la Bible et par tous les patriarches!

Tout ce que Smyth découvrit sur place coïncida avec ses thèses préconçues, à savoir que la pyramide "prouvait" que les Égyptiens avaient découvert que la Terre était une sphère, qu'ils en avaient calculé le rayon et la densité ainsi que son éloignement du Soleil; qu'ils avaient mesuré la totalité des continents et divisé ceux-ci en deux parties exactement en plaçant la pyramide sur le méridien idéal, etc.

Our inheritance in the Great Pyramid, l'ouvrage le plus célèbre de Smyth, fut réédité à quatre reprises, la dernière édition publiée en 1890 ayant été considérablement révisée suite aux critiques formulées par les lecteurs. Dans cet ouvrage et dans d'autres moins connus, Smyth s'aventura à " démontrer " que les corridors de la Grande Pyramide résumaient par chacune de leurs arêtes et encoignures tout le destin de l'humanité depuis la création de l'homme en 4000 avant Jésus-Christ jusqu'à la fin du monde en passant par la naissance du Christ. Pour " interpréter " cette histoire de l'humanité, il suffisait de considérer que chaque longueur d'un pouce pyramidal équivalait à une année solaire.

Ces thèses furent bien entendu contestées par les érudits qui firent remarquer par exemple que les autres pyramides d'Égypte paraissaient beaucoup moins précisément construites et orientées. Smyth en conclut que la Grande Pyramide était la plus ancienne, le " modèle " qui n'avait plus été que maladroitement copié par la suite. Maintes découvertes archéologiques démontrent la fausseté d'une telle conclusion.

Vivement impressionné par les travaux de Smyth, Matthew Flinders Petrie partit pour l'Égypte en 1880, emportant avec lui tout un matériel de mesures extrêmement sophistiqué pour l'époque. Petrie eut beau mesurer et remesurer : tous ses relevés prouvèrent que Smyth s'était presque toujours trompé par manque de rigueur, en se contentant de moyennes calculées au départ de mesures approximatives et en employant un matériel inadéquat. Honnêtement, Petrie renonça aux rêveries de Smyth. Il devait devenir le plus brillant égyptologue de son temps.

Sans doute les Égyptiens possédaient-ils certaines connaissances en astronomie et en mathématiques; mais de là à connaître toutes les choses que l'on a cru découvrir dans les pyramides... Ainsi, par exemple, il est fort possible, comme l'a montré Kurth Mendelssohn, que le nombre *pi*, qui semble être mis en évidence dans la construction de la Grande Pyramide, résulte simplement du fait que les Égyptiens faisaient tourner un tonneau pour mesurer les longueurs. De troublantes énigmes reçoivent ainsi, parfois, des solutions très simples.

Les découvertes de Petrie n'entamèrent pas les certitudes faciles des partisans de Smyth. Parmi eux on trouva, bien sûr, une pléiade d'illuminés, mais aussi des hommes de science renommés. Ne citons, pour la France, que l'abbé Moreux, directeur de l'Observatoire de Bourges, qui chercha comme Smyth à concilier la Pyramide avec les révélations bibliques. En Belgique, l'astronome Lagrange publia une œuvre monumentale sur le même sujet auquel il consacra, en vain, une longue partie de sa vie.[1]

Pyramides et ondes de forme

L'œuvre de Piazzi Smyth a démontré, mieux qu'aucune autre, qu'il est possible de construire tout un système, en apparence sensé et cohérent, au départ d'une foule de données faussées, hétéroclites et contradictoires. Ainsi en est-il d'une quantité de facettes des sciences parallèles qui se révèlent, quand on les examine, n'être que de purs produits d'une imagination débridée au service d'une ou plusieurs idées fixes.

La pyramidologie fut la source d'une littérature dont le volume est à peine imaginable. Celui-ci s'enfla prodigieusement quand, récemment, les mordus des sciences parallèles découvrirent "l'effet pyramide" ou "pouvoir des pyramides". Étrange pouvoir en vérité : un morceau de viande placé au niveau de la Chambre du Roi dans une enceinte ayant la forme et les proportions de la Grande Pyramide ne se décomposerait pas. Mieux : placée au même endroit et dans les mêmes conditions, une lame de rasoir usagée retrouverait son tranchant tandis qu'une bouteille de vin prendrait, rapidement, quelques années d'âge. Des petits malins ont fait breveter plusieurs "inventions" du genre...

---

1. GARDNER (M.), *Les magiciens démasqués*, Paris, Presses de la Cité, 1966, p. 200-210; MENDELSSOHN (K.), *L'énigme des pyramides*, Cambridge, Tallandier, 1974, p. 202-206; DECAUX (A.), *Les grands mystères du passé*, Paris, J'ai lu, 1976, p. 52-68; *The world almanac book of strange*, New York, Signet, 1977, p. 269-274.

Depuis quelques années, on peut trouver dans certains commerces spécialisés des maquettes de la Grande Pyramide construites en divers matériaux, disponibles en toutes tailles, déjà montées ou à monter soi-même, isolées ou groupées de différentes façons (pour obtenir un effet d'accumulation d'énergie psi !). Des gens célèbres (acteurs, chanteurs) furent photographiés en "méditation" sous de telles pyramides. D'autres en surmontèrent leur lit. On a même prétendu que les berlingots de carton dans lesquels on vend certain jus de fruits ont été réalisés sous cette forme particulière (qui n'est pourtant pas celle de la Grande Pyramide !) afin d'obtenir une meilleure conservation du produit.

Avec un peu de patience, chacun pourra rencontrer quelqu'un qui lui assurera avoir "expérimenté" ce fameux "pouvoir des pyramides". Or, une expérience réellement scientifique comporte toujours certaines règles que les expérimentateurs amateurs méconnaissent totalement. Cette histoire de viande qui se momifie n'est qu'une nouvelle forme d'une ancienne prétention des métapsychistes tombée dans l'oubli. Beaucoup de métapsychistes affirmèrent en effet qu'ils étaient capables de momifier de la viande ou un fruit, soit en imposant les mains (action du "fluide"), soit par le seul pouvoir de la concentration ou de la prière. De même, ils prétendaient pouvoir *accélérer* la germination des graines ou *retarder* la croissance des bactéries. De nombreuses "expérimentations" militant en faveur de ces affirmations (*parfaitement contradictoires*) s'écroulèrent quand de véritables expériences scientifiques furent entreprises pour contrôler ce prétendu phénomène. La différence entre le travail des amateurs et celui des scientifiques se situe au niveau du protocole qui, dans le second cas, est très rigoureux et tient compte d'une grande quantité de paramètres différents. Quand quelqu'un vous déclare qu'il a vérifié qu'un morceau de viande ne se décompose pas dans une maquette pyramidale, il convient de lui demander s'il a contrôlé qu'un morceau de viande placé tout à côté, mais dans une maquette non pyramidale, s'était corrompu. La simple vérité est que l'expérimentateur amateur omet d'effectuer les contrôles les plus élémentaires : contrôle de l'hygrométrie, de la température, présence ou absence de mouches, etc. L'amateur ne songe pas davantage à faire varier un à un les nombreux paramètres qui peuvent déterminer le résultat d'une expérience. Il ne lui viendra surtout jamais à l'esprit de tenter certains contrôles, comme par exemple de placer de la viande déjà en partie corrompue sous une maquette pyramidale pour vérifier si la pyramide est capable de mettre un terme à la corruption.

Tout ceci rappelle la querelle qui opposa jadis Pasteur aux partisans de la génération spontanée : le premier inventait sans arrêt de nouveaux contrôles rigoureux pour répondre à tous les illuminés et les seconds répétaient sans cesse les mêmes erreurs, les mêmes expériences mal conçues, mal conduites, mal interprétées.

Dale Simmons, un ingénieur de Toronto, a refait les expériences de pseudo-déshydratation de la viande et de pseudo-aiguisage des lames de rasoir grâce à des maquettes de la Grande Pyramide. Ces expériences ont été faites dans des conditions rigoureuses pour la Société de Recherches Parapsychologiques de Toronto. Les résultats furent totalement négatifs ! Les photomicrographies, qui n'ont rien d'un test subjectif, montrent qu'une lame de rasoir ne retrouve pas son tranchant dans une pyramide modèle réduit. Quant à la viande, elle subit exactement la même corruption dans une boîte cubique que dans une boîte pyramidale ; tout dépend des conditions d'humidité et de température.[1]

Jongleries numériques

Mais revenons un moment en arrière, c'est-à-dire aux savants calculs de Piazzi Smyth et de ses émules.

Les résultats obtenus, disent les chercheurs parallèles, ne peuvent tout de même pas relever du hasard. Si, justement ! Il suffit de prendre n'importe quel monument ancien ou moderne, de mesurer toutes ses faces et de prendre une calculatrice. En jonglant avec un nombre suffisant de données, en sollicitant parfois discrètement une mesure, en multipliant ou en divisant entre elles des unités incompatibles, on finit toujours par obtenir

1. OSTRANDER (S.) et SCHROEDER (L.), *Nouvelles recherches sur les phénomènes psi*, Paris, Laffont, 1976, p. 275-276; *The world almanac book of strange*, p. 275-276; *Bulletin de l'A.F.I.S.*, Paris, n° 157, p. 23.

un réseau de coïncidences factices qui peut être érigé en forme de système cohérent. Cette démonstration a souvent été réalisée par des antipyramidologistes au départ de monuments modernes, d'une cabine téléphonique ou même d'une vulgaire cabane en planches.

Et pourtant, de telles jongleries numériques n'en finissent pas de faire des victimes.

Maurice Chatelain a beaucoup amélioré la technique de Piazzi Smyth puisqu'il a utilisé les mensurations de toute une série de monuments antiques au moyen d'une même mesure qu'il a pompeusement baptisée *constante babylonienne*. Quel dommage que nous n'ayons pas la place ici pour citer quelques exemples de l'étourdissante littérature de cet auteur qui se demande si les Jésuistes ne sont pas les descendants de nos ancêtres les astronautes de la préhistoire et qui affirme péremptoirement que la tour de Babel fut construite au moyen de 57,6 millions de briques! Après cela, étonnons-nous que ce même individu prétende qu'il est "un cas particulier" dont la vie est régie par certains chiffres clefs![1]

La géographie sacrée

La pyramidologie et la folie des nombres ont donné naissance à une autre perversion intellectuelle qu'on pourrait appeler la "géographie des illuminés".

Voici en quoi elle consiste...

On prend une carte de géographie représentant la France, l'Europe ou même l'ensemble des continents. On y marque des points particuliers à savoir des sites réputés pour leur "étrangeté" ou leurs "mystères". On trace des lignes, des arcs de cercle en tous sens afin de joindre entre eux tous ces points un grand nombre de fois. Enfin, on interprète le résultat obtenu à la

1. CHATELAIN (M.), *Nos ancêtres venus du cosmos*, Paris, Laffont, 1975; CHATELAIN (M.), *Le temps et l'espace*, Paris, Laffont, 1979; *Inforespace*, Bruxelles, n° 34, p. 29.

lumière (!) des révélations de l'Apocalypse, de la cote du dollar le premier avril ou du nombre des pulsations cardiaques d'un cycliste...

La géographie sacrée des illuminés, c'est cela, mais en mieux... ou en pire, c'est comme on voudra!

Un exemple?

Prenons les trilithons qui se trouvent au centre du célèbre cercle de pierres levées de Stonehenge. Un certain Alex Tassone s'est un jour rendu compte que ces trilithons avaient la forme de la lettre grecque *pi*. S'étant demandé ce que les bâtisseurs de Stonehenge avaient voulu exprimer par cela (!), il découvrit qu'en multipliant 3,14 (*pi*) par 30 (diamètre intérieur de Stonehenge = 30 mètres) puis par 5 (il y a 5 trilithons), puis par 30 encore (30 mégalithes dressés forment la circonférence du monument), on trouvait 14130 mètres. Comme il y a aussi 30 linteaux disposés au sommet des mégalithes formant cercle continu, on comprend (*dixit* M. Tassone) qu'il convient de doubler le résultat obtenu. Ensuite, on multiplie à nouveau : cette fois par 56 (il y a 56 trous à l'intérieur du monument). Le résultat obtenu est multiplié par 4 (il y a 4 monolithes). On arrive ainsi à 6320240 mètres soit 6330 kilomètres. Jusqu'ici, rien de bien extraordinaire pour un pyramidologiste expérimenté : rien qu'une série d'opérations mathématiques parfaitement arbitraires. Mais attention! c'est ici que va se révéler la sagacité du chercheur parallèle... Si l'on trace un arc de cercle de 6330 kilomètres centré sur Stonehenge, celui-ci passe par le centre du Triangle des Bermudes. Conclusion : Stonehenge est une sorte de balise signalant le dangereux Triangle des Bermudes. *C.Q.F.D.*

Jean Prachan qui reprend cette "démonstration" aux pages cent quatre-vingt et cent quatre-vingt-un de son ouvrage *Le Triangle des Bermudes, base secrète des O.V.N.I.*, paru chez Belfond en 1978, a néanmoins été gêné par une faille dans le raisonnement d'Alex Tassone : c'est qu'en effet la lettre *pi*, d'origine grecque, devenue un symbole mathématique universellement connu, ne pouvait pas être employé par les bâtisseurs de Stonehenge. À moins... À moins, conclut Jean Prachan, que les Grecs n'aient hérité une partie de leur alphabet d'une civilisation antérieure qui aurait bâti Stonehenge.

Bel exemple de logique aberrante.

Il n'est même pas apparu à M. Prachan que les bâtisseurs de Stonehenge ne pouvaient avoir connu la conversion des mètres en kilomètres et que le mètre est l'unité de mesure sur laquelle s'appuie toute cette construction intellectuelle.

Et encore ceci n'est-il rien en comparaison d'autres divagations en matière de géographie sacrée de l'Amérique du Sud basée sur les calculs de Maria d'Ebneth exprimés, eux aussi, en kilomètres. Et cet auteur a pris grand soin de préciser que cette construction mentale n'était en aucun cas du délire. Vraiment ?[1]

On multiplierait sans peine les exemples. Tous ces chercheurs parallèles manipulent sans cesse des unités de mesure inventées de toutes pièces par eux, ou inconnues de ceux qui furent censés les avoir utilisées. Tous utilisent des cartes de géographie sans tenir aucun compte des déformations qu'elles comportent étant donné les méthodes utilisées pour les réaliser. Tous agissent donc comme si la Terre était plate et croient démontrer, par leur travail, que nos ancêtres savaient qu'elle était sphérique !

La malédiction des Pharaons

Ne quittons pas les pyramides et l'Égypte sans dire un mot de la malédiction des Pharaons.

Que n'a-t-on pas écrit sur ce sujet ?

D'aucuns cherchèrent à expliquer cette malédiction alors même qu'elle ne fut jamais prouvée : ils suggérèrent un virus inconnu, des poisons, des substances radioactives, des ondes de forme (?), des envoûtements, etc. Roger de Lafforest alla même

1. CARNAC (P.), *Les conquérants du Pacifique*, Paris, Laffont, 1975, p. 112-115.

jusqu'à dire que Howard Carter, le seul apparemment qui n'avait pas été frappé par la vengeance de Tout Ankh Amon, avait eu la vie sauve grâce à un talisman, une bague atlante qui engendrait de mystérieuses " ondes de forme ". Roger de Lafforest avait pu voir cette bague chez un radiesthésiste, le comte de Belizal, dont on doit lire les ouvrages pour se rendre compte à quelles absurdités peut conduire l'idée fixe des illusoires " ondes de forme ".

M. Richard Adamson, le dernier survivant de ceux qui découvrirent la tombe de Tout Ankh Amon, révéla en 1980 que la malédiction était une pure invention. En fait, l'inscription qui disait que la mort emporterait rapidement tous ceux qui violeraient la sépulture n'exista jamais sur la tombe du jeune pharaon. Elle figurait certes sur d'autres tombes; mais pas sur celle-là. À l'époque de la découverte, un journaliste persuada lord Carnavon et Howard Carter de le laisser publier une histoire au sujet de cette malédiction afin d'éloigner les pillards superstitieux. Le canular réussit au delà de toute espérance puisque M. Adamson qui avait été chargé de la sécurité du site put dormir pendant sept ans à côté du sarcophage sans déplorer le moindre vol... et sans que rien de fâcheux ne lui arrivât.[1]

1. LAFFOREST (R. de), *Ces maisons qui tuent*, Paris, Laffont, 1972, p. 113 sqq; *La Meuse-La Lanterne*, Liège, 9 mars 1980.

LE CATASTROPHISME

Immanuel Velikovsky

Immanuel Velikovsky naquit en Russie en 1895. Après avoir beaucoup voyagé et avoir été reçu docteur en médecine à la Faculté de Moscou, il partit exercer la médecine générale en Palestine. Puis, repris par le démon de l'étude, il passa à la psychanalyse, travailla avec W. Steckel à Vienne et, en 1939, s'installa à New York avec sa femme et ses deux filles. Neuf années durant, il hanta chaque jour la bibliothèque de l'Université Columbia. Du monceau de notes qu'il prit naquit un livre qui parut en 1950 et causa la plus forte sensation. Il s'agissait de *Worlds in Collision.*

Dans cet ouvrage, le psychiatre proposait un étonnant système de catastrophes cosmiques. À l'en croire, Vénus aurait été éjectée de Jupiter sous la forme d'une comète vers 1500 avant Jésus-Christ. Cinquante ans plus tard, la Terre aurait traversé la queue de la comète, ce qui aurait eu pour conséquence divers bouleversements météorologiques et le basculement de l'axe de rotation de notre planète; ce basculement ayant entraîné d'épouvantables catastrophes. Cinquante ans plus tard, la comète se serait à nouveau approchée de notre planète arrêtant ou ralentissant la rotation de la Terre. C'est alors que se produisit, dit Velikovsky, le célèbre miracle de Josué (l'arrêt du Soleil). Vers le milieu du huitième siècle avant Jésus-Christ, la comète se dirigea vers Mars qu'elle perturba à son tour au point que Mars s'approcha de la Terre, ce qui provoqua des tremblements de terre. Mais cette "rencontre" entre Mars et la comète eut une heureuse influence: l'orbite de la comète devint circulaire et la planète Vénus prit sa position définitive autour du Soleil. Ensuite, Mars regagna sa place, en 687 avant Jésus-Christ, après avoir exterminé cent cinquante mille hommes qui marchaient sur Jérusalem.

Telle était l'étrange théorie exposée dans *Worlds in Collision*. Deux ans plus tard, Velikovsky publia *Ages in Chaos* où il proposa une révision intégrale des chronologies hébraïques et égyptiennes pour faire "coller" les faits historiques à ses théories. Puis, en 1955, ce fut la parution de *Earth in Upheaval* où Velikovsky créa une théorie de l'évolution par bonds successifs liés aux catastrophes cosmiques. Enfin, en 1960, il publia *Œdipus and Akhnaton* où il donna une version nouvelle du mythe d'Œdipe au départ de ses hypothèses cosmogoniques.

Ce fatras fut accueilli par les scientifiques comme une aimable plaisanterie... du moins au départ. Car rapidement, leurs rires firent place à une colère noire. C'est qu'ils se rendirent vite compte que l'auteur aussi bien que l'éditeur y croyaient sérieusement et commençaient à "contaminer" des gens jugés jusque-là très sérieux. Ainsi John O'Neil, chroniqueur scientifique du *New York Herald Tribune* (qui découvrit le fameux "pont lunaire" dont nous reparlerons plus loin) déclara-t-il que l'ouvrage de Velikovsky était un "magnifique modèle de recherche érudite".

Le célèbre astronome Harlow Shapley n'en crut ni ses yeux ni ses oreilles. Pris de colère, il réagit avec une vigueur stupéfiante : passant de la menace aux actes, il fit reculer l'éditeur qui céda ses droits à un confrère et il obtint la révocation pure et simple de quelques scientifiques qui avaient été abusés. L'astrophysicien Donald Menzel, qui mena très tôt contre le mythe des soucoupes volantes une guerre impitoyable, entra à son tour dans l'arène avec tout le poids de son énorme prestige scientifique. En l'espace de quelques mois, les partisans de Velikosvky furent mis à mal par ces deux grands esprits. Mais le public, incapable de comprendre cette colère légitime, conclut, un peu hâtivement, que la "science officielle", qui ne savait pas contrer Velikovsky sur le terrain des faits, avait usé de manœuvres honteuses pour le réduire au silence. À la vérité, Shapley et Menzel n'avaient guère pris la peine de contre-attaquer sur le terrain des faits scientifiques les plus certains tant ce "jeu de quilles cosmique" procédait pour eux d'une évidente méconnaissance des lois de l'attraction universelle.

L'image d'homme persécuté et incompris convenait à merveille à Velikovsky. Il la saisit au vol, se drapa dignement dans une attitude faussement sereine et joua dès lors avec talent le rôle d'un martyr de la science obscurantiste...

Le débat s'enlisa pendant plus de vingt ans. C'est Carl Sagan qui comprit enfin qu'il fallait éclairer tous et chacun sur le contenu et la valeur des ouvrages de Velikovsky plutôt que de se borner à les rejeter en bloc, sans explication. Voilà pourquoi Sagan organisa un débat public en février 1974, débat auquel fut convié Velikovsky en personne. Plusieurs éminents scientifiques prirent la parole, démolissant point par point tous les arguments et toutes les théories du psychiatre. Sagan conclut même que, contrairement à ce qui était souvent affirmé, Velikovsky n'avait pas prévu contre tout le monde des choses qui, plus tard, s'étaient révélées exactes. En fait, conclut Sagan, à chaque fois que Velikovsky avait fait preuve d'une réelle imagination, les faits l'avaient contredit par la suite.

Cloué au pilori de la connaissance scientifique de maintes et maintes façons, Velikovsky prit enfin la parole. Il fit un grand numéro d'acteur. En vingt ans, il avait eu tout le temps de perfectionner son rôle. Plus il parla, plus il fut applaudi par un public typiquement californien composé d'un grand nombre de ses fans.

Le résultat de tout ceci fut qu'en 1976 les éditeurs de *Pensée*, une revue qui avait été fondée pour défendre les idées du psychiatre, publièrent un ouvrage intitulé *Velikovsky reconsidered*. C'était un livre partisan, composé de textes divers démontrant ou plutôt paraissant démontrer que toutes les prédictions faites par Velikovsky s'étaient révélées exactes. Sagan et bien d'autres ayant prouvé exactement le contraire, on peut parler en la circonstance d'une véritable duperie. Comme exemple de prédiction exacte faite par Velikovsky, on a cité les ceintures de Van Allen dont il aurait postulé l'existence avant qu'on ne les découvrît. Donald Menzel a dénoncé cette prétention. En fait, a-t-il fait remarquer, Velikovsky avait postulé que le champ magnétique terrestre serait plus intense au delà de l'ionosphère et l'on a mesuré qu'il était plus faible! Aucun rapport entre cela et les ceintures de Van Allen![1]

Ignatius Donnelly et Hans Hoerbirger

Velikovsky ne fut pas le premier qui présenta un système cosmogonique semblable où il est question d'une comète qui, cycliquement, engendre des perturbations sur notre planète. Au XVIIIe siècle, en effet, William Whiston impressionna favorablement Newton et Locke avec une telle hypothèse. Plus près de nous, en 1882, Ignatius Donnelly publia un ouvrage étrange intitulé *Ragnarok*. Donnelly, qui était un atlantomane convaincu, avait, comme Velikovsky, puisé dans les mythes et dans la Bible tous les éléments d'une cosmogonie effrayante où une comète tenait la plus grande place. Douze ans après la mort de Donnelly, intervenue en 1901, Hans Hoerbirger, publia sa fameuse *Glazial-Kosmogonie* qui convainquit, entre autres, Adolf Hitler. Dans la théorie d'Hoerbirger, il était question de plusieurs lunes de la Terre qui s'étaient écrasées, les unes après les autres, sur notre globe à chaque ère géologique. Hans Bellamy et le Français Denis Saurat furent les plus célèbres défenseurs de cette cosmogonie.[2]

Pierre Duval-Chauvin

Mais revenons à Velikovsky

Il s'est trouvé, en France, un homme de science pour prendre sa défense. Il s'agit de Pierre Duval. Ce nom ne vous dit rien? Attendez...

La science devant l'étrange, de Pierre Duval, parut en 1973 avec une préface élogieuse signée du professeur Rémy Chauvin. Quoi d'étonnant puisque Pierre Duval n'était autre que... Rémy

---

1. GARDNER (M.), *Les magiciens démasqués*, p. 40-46; WASHBURN (M.), *Mars at last*, London, Abacus, 1979, p. 67-72; *New Scientist*, London, 1976, July 22, p. 187; *Les Cahiers rationalistes*, Paris, janvier 1977, p. 115-141.
2. GARDNER (M.), *ibidem*, p. 46-54.

Chauvin lui-même ! Comme quoi on n'est jamais si bien servi que par soi-même.

Dans cet ouvrage (qu'il osa, plus tard, rééditer sous son vrai nom), Rémy Chauvin discuta longuement les théories de Velikovsky, citant à la barre des témoins diverses sommités scientifiques dont Albert Einstein, que les chercheurs parallèles ont essayé de mettre à toutes leurs sauces.

Rémy Chauvin est un grand spécialiste du comportement animal, mais il n'est ni historien, ni physicien, ni astronome, ni géologue, ni quoi que ce soit d'autre. Il est parapsychologue, et il s'en flatte !

Bref, l'opinion scientifique de Rémy Chauvin à propos de Velikovsky n'a pas plus d'importance que celle de n'importe quel quidam choisi au hasard. Cela, le professeur Chauvin ne parvient pas à l'admettre car il semble prendre son savoir, qui est certes immense, pour mesure étalon de la connaissance scientifique en toutes disciplines. O'Neil, chroniqueur scientifique, devient sous sa plume "un savant" bombardé, de surcroît, "conservateur du Hayden Planetarium". Or, à l'époque où le premier ouvrage de Velikovsky parut, le conservateur de ce planétarium était Gordon Atwater, un de ceux que Shapley fit déboulonner de son poste pour avoir admis les balivernes du psychiatre cosmogoniste.[1]

Mais finissons-en avec Velikovky.

Comme Martin Gardner l'a bien fait remarquer, ce psychiatre cosmogoniste se borna à justifier d'une manière pseudo-scientifique une série de croyances préétablies. Ainsi justifia-t-il le miracle de Josué par une comète. Était-il bien nécessaire de perturber tout le système solaire pour expliquer cet épisode biblique ? Non, puisque les spécialistes de la critique historique religieuse ne sauraient s'y tromper : cet épisode biblique est un mythe et il n'est pas même unique puisque d'autres perturbations du genre peuvent être trouvées dans la Bible. Il y en a même une qui est encore plus extraordinaire puisqu'elle suppose non

1. DUVAL (P.), *La science devant l'étrange*, Paris, Denoël, 1973, p. 171-185.

seulement un arrêt de la rotation terrestre, mais aussi une “marche arrière”!

À ceci, une fois encore, on mesure le fossé qui sépare les connaissances précises (parfois encore fragmentaires) des spécialistes et le savoir imparfait des amateurs qui forment la cohorte des chercheurs parallèles.

Les géants du passé

Revenons à présent à Hoerbirger, ou plutôt à Denis Saurat, son disciple le plus connu en France. Les éditions J'ai lu ont réédité *L'Atlantide et le règne des géants* et *La Religion des géants ou la civilisation des insectes* dans lesquels M. Saurat s'est déclaré persuadé, comme bien d'autres amateurs d'insolite, que des géants ont jadis peuplé la Terre. À l'appui de cette croyance, on cite toujours des “preuves” textuelles ou matérielles. Examinons, pour commencer, les “preuves” matérielles, celles qui devraient être, logiquement, les plus écrasantes.

On nous cite, par exemple, des villes qui furent bâties avec des pierres colossales et qui comportent des portes si hautes qu'elles paraissent avoir été conçues par et pour des géants! Mais ce sont là pures spéculations. Grecs et Romains construisirent aussi des temples aux portiques démesurés; or, ils n'étaient pas des géants. Quant aux pierres colossales, on a toujours pu montrer qu'elles avaient été mises en place par des hommes ordinaires guidés par d'habiles techniciens. Par exemple, les fameuses pierres du temple de Baalbek, au Liban, qui sont parmi les plus grandes pierres taillées qui aient servi à l'édification d'un monument, furent déplacées grâce à d'astucieux systèmes de cordes et de poulies, comme l'a démontré Jean-Pierre Adam. Mais surtout, ces villes qu'on nous dit avoir été construites à l'échelle de géants n'ont fourni, lors des fouilles, qu'un mobilier aux proportions ordinaires. Et cela constitue un argument décisif! Jamais on n'a découvert une assiette ou un peigne pour géant. Les archéomanes pensent cependant pouvoir renverser cet argument, du moins en partie, en disant que d'énormes haches de pierre ou de métal furent découvertes çà et là. Le poids ou la taille de ces instruments ou de ces armes, prétendent les amateurs d'insolite, indiquent que ces objets ne purent être manipulés que par des géants. Que diraient les mêmes commentateurs s'ils visitaient un musée de la chevalerie ? Bien que souvent plus petits que nous, nos ancêtres du Moyen Âge utilisèrent pour se battre des armes d'un poids et d'une taille étonnants. Leur maniement particulier nous est connu et il n'y aurait mystère que si l'on voulait se persuader que telle épée médiévale était en réalité un fil à couper le beurre à l'usage d'un géant! Les haches dont nous parlent les naïfs chercheurs parallèles furent trouvées en très petit nombre et ne peuvent éclipser toutes les autres, de mêmes époques, qui tapissent les musées et dont le poids et la taille sont parfaitement ordinaires.

Divers auteurs citent des squelettes ou des os de géants découverts ici et là. La liste n'est pas très longue et on ne nous dit jamais où les squelettes peuvent encore être examinés *aujourd'hui*. Chose curieuse, la taille de ces squelettes augmente à mesure que les précisions concernant leur découverte se font rares. On peut deviner que certaines de ces découvertes fantastiques dont on nous parle en évitant de donner la moindre précision qui puisse permettre un contrôle sont, en fait, de purs mensonges colportés d'un auteur à l'autre. D'autres découvertes relèvent du canular comme par exemple le géant de Cardiff qui, bien qu'en pierre, fût identifié par des "spécialistes" (amateurs!) et des médecins (!) comme un être ayant réellement vécu.

Plus souvent, il s'est agi de méprises. Voici quelques cas qui vont éclairer singulièrement le sujet...

En 1645, en Autriche, les restes d'un géant que des personnes compétentes (?) identifièrent à un être humain furent découverts. Une de ses dents pesait mille huit cents grammes. Le squelette finit par disparaître, mais heureusement un dessin d'une dent fut conservé. L'identification est aujourd'hui aisée : il s'agissait d'une dent de mammouth. Un cas semblable se produisit en Suisse en 1577. Les restes du géant furent conservés à l'hôtel de ville de Lucerne après avoir été identifiés par le Dr Platter comme ceux d'un géant humain de six mètres. Il fallut attendre jusqu'en 1800 pour que le professeur Blumenbach, de passage à Lucerne, identifiât d'un seul coup d'œil cette carcasse qui appartenait à un éléphant.

En 1613, un médecin prétendit avoir déterré les os d'un géant dans une tombe artificielle gravée au nom du roi Teutobochus. Cette tombe mesurait neuf mètres. Cuvier démontra la supercherie en identifiant ces os à ceux d'un dinotherium.

En 1705, on découvrit encore un géant à Claverie, en Amérique du Nord. M. Taylor, qui le mit à jour, raconta que quarante ans auparavant les Indiens lui avaient parlé d'un géant mort deux cent quarante ans plus tôt et qui attrapait les ours d'une seule main. Cette fois, la réalité semblait authentifier la légende. Eh bien non. Ce squelette était celui d'un mastodonte.

Et ainsi de suite... Il a toujours existé une tendance à imaginer des géants humains antédiluviens chaque fois qu'un ou plusieurs grands ossements furent découverts. D'où l'apparition de légendes que les amateurs d'insolite exploitent aujourd'hui.

Ainsi en est-il de la légende d'Ulysse et Polyphème. Polyphème était non seulement un géant, mais un cyclope, du moins selon la légende. Le mythe du cyclope a énormément impressionné nos ancêtres et a inspiré, de nos jours, des observations d'extraterrestres.

Pour Virgile, il ne faisait aucun doute que ce dont il était question dans l'*Odyssée* était une personnification de l'Etna, le gros œil étant le cratère lui-même. Pline l'Ancien n'avait-il pas appelé les bombes volcaniques *cyclopum scopuli*...

Virgile n'avait sans doute pas tort; mais il est bien possible que le mythe du cyclope se soit en outre appuyé sur des découvertes qui restèrent inexplicables pour nos ancêtres.

La Grèce de l'époque d'Homère ignorait ce qu'était un éléphant; mais il est bien possible que les Grecs aient découvert des squelettes d'éléphants. Or, qui regarde par en haut un crâne d'éléphant auquel il manque ses défenses aperçoit deux gros trous qui semblent être les orbites fondues en une seule au milieu du front. Cette cavité n'est pourtant que celle des fosses nasales, les yeux n'étant pas visibles sous cet angle. On nous dira qu'un examen plus approfondi aurait éclairé nos ancêtres. Rien n'est moins sûr : en voici la preuve. Vers le milieu du XIVe siècle, Boccace annonça qu'on venait de découvrir les restes de Polyphème dans une caverne en Sicile. Ces restes, indiquait-il, avaient une taille de quatre-vingt-dix mètres. De quoi frémir... Le savant jésuite Athanasius Kircher s'en fut examiner ces restes. Il décrivit des os très lourds, mais n'ayant qu'une taille de neuf mètres. Au lieu de proposer un dessin aussi exact que possible du squelette qui disparut ensuite, Kircher se livra à une reconstitution fantaisiste de Polyphème. On sait aujourd'hui avec certitude que ces os n'étaient que ceux d'un éléphant, car on trouve beaucoup de ces os dans les cavernes siciliennes que les Grecs purent visiter.

Cet exemple suffit à prouver que même Kircher qui avait une culture encyclopédique put confondre un crâne d'éléphant avec un crâne de cyclope géant. On voit aussi comment, au départ d'une méprise, on peut obtenir un témoignage profondément déformé comme celui de Boccace, alors même que les vérifications, sur place, pouvaient encore être effectuées. Qui connaît la puissance de l'imagination et l'importance des méprises peut comprendre l'apparition des légendes et se garder de les interpréter à la lettre comme le font les historiens parallèles.[1]

Lobsang Rampa et Phylos

Dans *Le matin des magiciens*, Jacques Bergier et Louis Pauwels qui traitèrent longuement des thèses de Hoerbirger, parlèrent, bien entendu, des géants. Ils citèrent le témoignage du Lama Lobsang Rampa qui, dans son premier livre paru en 1956 et réédité, depuis, par les éditions J'ai lu (*Le troisième œil*, dans

1. KOLLOSSIMO (P.), *Terre énigmatique*, Paris, Albin Michel, 1970, p. 32-33; KOLOSSIMO (P.), *Archéologie spatiale*, Paris, Albin Michel, 1971, p. 146-149; FORT (C.), *Le livre des damnés*, Paris, Losfeld, 1967, p. 128; HUTIN (S.), *Hommes et civilisations fantastiques*, Paris, J'ai lu, 1970, p. 167; TARADE (G.), *Les archives du savoir perdu*, Paris, Laffont, 1972, p. 143-145; VON DANIKEN (E.), *Retour aux étoiles*, Paris, Laffont, 1970, p. 62; WELFARE (S.) et FAIRLEY (J.), *L'univers mystérieux d'Arthur Clarke*, Paris, Laffont, 1981, p. 200-201.

la collection "Aventures mystérieuses") racontait qu'il avait pu voir les corps, parfaitement conservés sous une mince pellicule d'or, de trois géants dont le plus grand mesurait cinq mètres. Cela se serait passé lors de sa dernière épreuve d'initiation dans une caverne profonde sous le Potala, au Tibet.

Prudents, Bergier et Pauwels se demandaient ce qu'on pouvait penser des révélations de ce Lama qui, selon eux, pouvait n'être qu'un des Allemands envoyés en mission spéciale au Tibet par Adolf Hitler[1].

La réalité est bien plus stupéfiante. Voici en effet la véridique histoire de Lobsang Rampa...

C'est en 1955 que cet homme se présenta pour la première fois devant son futur éditeur avec un manuscrit dans lequel il racontait son enfance au Tibet, ainsi que toutes ses épreuves d'initiation pour devenir un Lama. La plus étrange de ces initiations avait consisté en une opération chirurgicale destinée à lui offrir le troisième œil qui permet de voir l'aura des êtres vivants (voir plus loin).

L'éditeur hésita longtemps avant de publier cet ouvrage, d'autant plus que ce Lama mystérieux ignorait le tibétain! Il est vrai qu'il avait expliqué que, torturé par les Japonais, il avait usé de ses pouvoirs mentaux pour effacer de sa mémoire la connaissance de sa langue natale afin d'éviter, quoi qu'il arrivât, de trahir les siens.

Des experts (?) consultés par l'éditeur étant restés évasifs, le livre fut publié en tant que document authentique. Il connut très vite un gros succès et fut salué par des critiques élogieuses.

Or, peu de temps après, un détective privé du nom de Clifford Burgess révéla que le Lama en question n'était pas né au Tibet, mais bien dans le Devonshire, en 1911. Il était le fils d'un plombier avec qui il avait travaillé jusqu'en 1937. D'autres enquêtes

1. BERGIER (J.) et PAUWELS (L.), *Le matin des magiciens*, Paris, Livre de Poche, 1970, p. 379.

permirent de retrouver des gens qui avaient bien connu Cyril Henry Hoskins — c'était son vrai nom — bien avant qu'il publiât sa fausse biographie. On put ainsi reconstituer l'étonnant cheminement intellectuel de ce personnage plus que probablement mégalomane. Dès le début des années quarante, en effet, il racontait qu'il avait vécu en Chine et qu'il y avait été instructeur dans l'aviation. Puis, son centre d'intérêt s'était déplacé jusqu'au Tibet où il avait prétendu avoir vécu. Rude coup pour l'éditeur!

Rampa en trouva un autre qui accepta un second livre, point de départ d'une longue série dans laquelle la paranoïa et la mégalomanie de l'auteur se développèrent peu à peu. Ainsi en vint-il à expliquer, entre autres choses, que le fils du plombier avait bel et bien existé mais qu'il ne restait aujourd'hui que son corps, que lui, Lama, occupait depuis de nombreuses années après en avoir demandé l'autorisation à l'esprit ou l'âme (c'est comme on voudra) de l'intéressé. Géniale explication!

Jean Eracle a démontré depuis que les initiations et les enseignements de Rampa n'avaient aucun rapport avec le Tibet, ni même avec le bouddhisme, et que ses conceptions à propos de la réincarnation, de l'aura ou du voyage astral étaient simplement inspirées de la littérature ésotérico-occultiste occidentale.

Quand on les lit les uns à la suite des autres, on se rend compte que les ouvrages de Rampa fourmillent de contradictions. En outre, on voit bien que les conceptions de l'auteur ont évolué en fonction des événements et de ses lectures. Ainsi, quand il fut de plus en plus question des contacts avec des extraterrestres, il abandonna ses récits de "voyages mentaux" (*Out of body experience*) sur Vénus et d'autres planètes, et conta un voyage sur Vénus en soucoupe volante. Ce récit peu connu fut publié sous la forme d'une brochure à faible diffusion.

Rampa a écrit plus de quinze livres, et ses disciples lui ont consacré une abondante littérature.

On ne saurait parler de ce faux Lama sans en citer un autre, tout aussi habile : Frederick Spencer Oliver.

Sous le pseudonyme de Phylos, ce faux Lama révéla au monde, en 1898, les rites mystérieux des lémuriens du Mont Shasta. On peut lire une réédition française de son roman occultiste *A dweller on two planets* dans la collection "Les Portes de l'étrange" des éditions Laffont.[1]

1. RAMPA (T.L.), *My trip to Venus*, sans lieu ni date; EVANS (C.), *Cults of unreason*, London, Granada, 1974, p. 244-255; *Limites*, Genève, n° 2, mars-avril 1978, p. 4-9.

LES RÉVISEURS DE L'HISTOIRE

Les grands initiés

Grande est la tentation, pour certains, de récrire l'histoire à leur façon ou de l'inventer de toutes pièces.

Le livre d'Édouard Schuré intitulé *Les grands initiés* est un bel exemple du genre. Il conte, par le menu et en un style plaisant, les vies merveilleuses de Moïse, Platon, Rama, Krishna, Hermès, Jésus...

On s'y croirait!

Bien moins connu est le livre de Lucien Roure, rédacteur aux *Études* (la revue des Jésuites) intitulé *La légende des grands initiés*. Ce petit ouvrage de cent dix-huit pages paru chez Gabriel Beauchesne en 1926 est une réfutation intégrale du précédent, qu'il dénonce comme un plagiat partiel de *L'histoire philosophique du genre humain* de l'occultiste Fabre d'Olivet.

Madame Blavatsky

Madame Blavatsky a fait beaucoup mieux.

On ne présente plus la fondatrice de la théosophie dont la vie mouvementée fut rythmée par de multiples accusations de faux et usage de faux. À sa mort, survenue en 1891, HPB (comme disent ses disciples) laissa une fantastique œuvre littéraire dont le gros morceau est sans conteste *La doctrine secrète*, un ouvrage qui fut publié en six épais volumes en 1888 et qui fut plusieurs fois réédité.

Que propose cet énorme ouvrage?

Rien moins qu'une histoire complète des civilisations humaines et préhumaines depuis la création jusqu'aux époques que nous a révélées la préhistoire. On y apprend, par exemple, que la Terre fut jadis habitée par des hyperboréns asexués et vaporeux, puis par des terriens bisexués, et ensuite par des atlantes monosexués. Edgar Cayce, le célèbre guérisseur-voyant qui faisait des "conférences" et posait des diagnostics en état de transe, puisa dans cette œuvre chaotique la matière de ses conceptions concernant les civilisations passées.

De quoi se compose réellement *La doctrine secrète*?

William Emmette Coleman a démontré très tôt après la parution de cet ouvrage qu'il n'était qu'une énorme compilation de textes empruntés à des sources aussi diverses que le vieil indien Vishnu Purana, traduit par H. Wilsone, et les élucubrations de Donnelly à propos de l'Atlantide. Mais surtout, *La doctrine secrète* prétend s'appuyer sur un ancien traité atlante secret : le livre des Dzyans, dont HPB prétendait avoir pu lire un exemplaire au cours d'un de ses voyages... astraux en Inde! Bien sûr, ce livre des Dzyans est purement imaginaire; il fut composé, comme tout le reste, au départ d'une compilation du Rig Veda et d'autres choses du même genre.

C'est dans cet amalgame que des chercheurs en soucoupes volantes — ou "ufologues" (cela fait plus sérieux!) — comme Jimmy Guieu ont puisé de multiples *preuves* de la présence, jadis, dans nos cieux, d'engins volants venus d'autres mondes. Ainsi fabrique-t-on l'histoire parallèle ![1]

La vie sur Seraneb

Il ne faudrait pas croire que Mme Blavatsky fut la seule à livrer au public une production littéraire d'une considérable importance

1. SPRAGUE DE CAMP (L.), *Les énigmes de l'archéologie*, Paris, Livre de Poche, 1969, p. 311-320; LANTIER (J.), *La théosophie*, Paris, C.A.L., 1970.

(par le volume seulement!) touchant des sujets ésotériques ou les sciences dites occultes. On peut citer aussi l'énorme *Cosmogonie d'Urantia* ou encore les œuvres du Sâr Peladan, du Christ de Montfavet ou du Père Antoine.

Le psychanalyste Lindner, mort en 1960, traita jadis un patient qui n'était rien moins qu'un physicien atomiste directement responsable de la bombe H aux États-Unis. La vie mentale de ce scientifique se déroulait sur deux plans, ou plutôt dans deux univers différents : le nôtre et celui de la planète Seraneb où il "vivait" assez souvent et d'où il "ramena" douze mille pages dactylographiées de rapports scientifiques qui n'ont pas été analysés. Un jour, ce scientifique se déclara "guéri" et dit à son psychanalyste qu'il "ne croyait plus à tout cela". Mais qu'en était-il exactement? Lindner ne le sut jamais, car il ne revit plus son extraordinaire client. On reste confondu devant l'énorme masse de travail stérile que ce scientifique accomplit durant ses maigres heures de loisirs sans doute plus ou moins inconsciemment ou, peut-être, dans un état second. Beaucoup de penseurs originaux, gouvernés par des idées fixes, ont en commun cette capacité de travail inouïe...[1]

Jacques Bergier et Louis Pauwels

Le matin des magiciens de Jacques Bergier et Louis Pauwels parut en 1960. D'emblée, ce livre fut salué comme un phénomène social et culturel. Il devint, en quelque sorte, la Bible de certains contestataires.

Jacques Bergier naquit à Odessa le 8 août 1912. Attaché au laboratoire de physique nucléaire d'André Helbronner, il aurait rencontré, en 1937, l'alchimiste contemporain Fulcanelli.[2]

Durant la guerre, il organisa un réseau de résistance. Arrêté à Lyon en 1943, il fut libéré par les Alliés le 5 mai 1945. Grand invalide de guerre, il se consacra dès lors à des recherches

1. LANGELAAN (G.), *Les faits maudits*, Paris, Planète, 1967, p. 231-243.
2. BERGIER (J.) et PAUWELS (L.), *Le matin des magiciens*, p. 159-162.

livresques acharnées. Sa mémoire phénoménale (bien que trop souvent approximative) et une capacité étonnante de lecture lui permettaient de “digérer” un nombre incalculable d’articles et de livres sur des sujets très divers.

Bergier rencontra Louis Pauwels alors que ce dernier terminait son célèbre ouvrage consacré à Gurdjieff. De leur rencontre naquit *Le matin des magiciens*, un livre résolument anticonformiste, rempli d’erreurs historiques, de divagations de toutes sortes et dont les chapitres où se mêlent le vrai et le faux sont entrecoupés d’extraits de romans et de nouvelles.

Très marqués sans doute par le style de Charles Fort, dont nous reparlerons, Pauwels et Bergier n’hésitèrent pas à plagier cet auteur dont ils parlèrent longuement. Ces plagiats ont, depuis, été soulignés et analysés par Robert Benayoun.[1]

Il est donc assez déconcertant de voir M. Bergier accuser Trevor Ravenscroft d’avoir plagié *Le matin des magiciens*, ce qui, en outre, n’apparaît nullement évident ![2]

Peu de temps après la parution du *Matin des magiciens*, Bergier et Pauwels fondèrent la revue *Planète* qui connut une expansion fulgurante. On ne saurait définir cette publication qui ne ressemblait à aucune autre.

Pauwels et Bergier se séparèrent après mai 1968. Pour Jacques Bergier, *Le matin des magiciens* ne fut qu’un tremplin dont il s’élança pour produire seul ou en association avec d’autres chercheurs une série d’ouvrages où furent développées les hypothèses et les idées que Louis Pauwels avait mises, une première fois, en forme. Pour la petite histoire, il faut toutefois ajouter que Jacques Bergier n’était nullement un novateur. Ses hypothèses hardies, il les avait en fait puisées, pour la plupart, dans une certaine frange de la littérature des pays de l’Est où l’on se plaisait à “démontrer” que le dieu et les anges des capitalistes

---

1. FORT (C.), *Le livre des damnés*, p. 17-20 et 251-254.
2. BERGIER (J.) et CHWATT (P.), *Les nouveaux mystères de l’archéologie*, Paris, C.A.L., 1974, p. 42.

adorateurs de la Bible n'était que des extraterrestres en visite sur notre planète. Dès 1928, Nikolaï Rynine avait proposé de telles idées qui furent reprises bruyamment, à partir de 1959, par Modest Agrest puis Felix Ziegel, Kazantsev, Zaïtsev et consorts vis-à-vis desquels les *véritables* savants d'Union soviétique affectent un mépris souverain.[1]

Jusqu'à sa mort survenue le 23 novembre 1978, Jacques Bergier continua à jongler avec l'inconnu et le mystère, les créant de toutes pièces quand cela lui paraissait utile ou nécessaire.[2]

Robert Charroux

Robert Grugeau naquit à Payrou, dans la Vienne, le 7 avril 1909 et décéda à Charroux (nom dont il s'était servi pour composer son pseudonyme) le 24 juin 1978.

Robert Charroux fit plusieurs métiers avant de se découvrir un talent pour le journalisme et de trouver enfin sa voie en qualité d'écrivain de l'étrange.

Dévoué, généreux, passionné et curieux de tout, il fut, à une époque où c'était encore un exploit (1930), plongeur sous-marin. Cette activité sportive le fit s'intéresser à la recherche des trésors et, plus tard, aux civilisations disparues.

En 1950, il défendit l'idéal naturiste, tant au point de vue esthétique et sportif que moral. À cette époque, il critiqua sévèrement J.A. Foex qui venait de publier un roman pseudo-naturiste qui s'intitulait *La fille perpendiculaire*. C'était le même Foex qui devait, plus tard, devenir le plongeur sous-marin bien connu pour ses études des civilisations disparues.[3]

Dès 1951, Charroux fonda le Club des chercheurs de trésors

---

1. DEGAUDENZY (J.L.), *Les O.V.N.I. en Union soviétique*, Nice, Lefeuvre, 1981, p. 87.
2. *Science et Vie*, Paris, janvier 1979, p. 61.
3. *Naturisme 50, Beauté et Santé*, Paris, 1950, n° 2, p. 10-17.

et, en 1962, il livra au public son premier livre : *Trésors du monde.* C'est en 1963 qu'il connu son premier grand succès de librairie avec *Histoire inconnue des hommes.* Ce livre atteignit un tirage très important et fut traduit en plusieurs langues. Dès lors, sept autres ouvrages du même genre suivirent, assez régulièrement. En voici les titres, par ordre chronologique : *Le livre des secrets trahis* (1965), *Le livre des maîtres du monde* (1967), *Le livre du mystérieux inconnu* (1969), *Le livre des mondes oubliés* (1971), *Le livre du passé mystérieux* (1973), *L'énigme des Andes* (1974), *Archives des autres mondes* (1977).

Le livre des mondes oubliés marqua un nouveau tournant dans la carrière de son auteur; en effet, c'était la première fois qu'il présentait des documents photographiques obtenus lors d'un voyage-enquête sur place, en des lieux dont il avait parlé au préalable sans jamais s'y être rendu. Et il faut bien reconnaître à Robert Charroux une profonde honnêteté intellectuelle, car dans ce livre, il *rectifia* certaines des choses fantaisistes qu'il avait écrites auparavant sur la foi d'une documentation par trop lacunaire. Ainsi, par exemple, montra-t-il le premier que le "Chandelier des Andes" n'était pas sculpté dans une roche dure et n'avait jamais pu servir de séismomètre, puisqu'il consistait en un simple sillon creusé dans un sable très fin.

En 1977, complètement absorbé par la rédaction de ses livres et la recherche incessante des documents qui lui étaient nécessaires, Charroux fit don de toutes ses archives relatives aux trésors au club qu'il avait créé et dont il était resté président. Grâce à son aide, une publication spécialisée put voir le jour.[1]

Si la mort n'avait point surpris si tôt cet homme, il y a de grandes chances pour que son travail se fût sans cesse amélioré en qualité et en rigueur.[2]

Une lecture attentive des ouvrages de Pierre Charroux montre en effet que leur auteur n'hésitait pas à reconnaître et corriger ses erreurs passées parce qu'il cherchait réellement à faire un travail

1. *Trésors et Recherches*, Paris, 1978, n° 4, juillet-août, p. 15.
2. *L'Autre Monde*, Paris, n° 23, p. 59; *L'Inconnu*, Paris, n° 31, p. 9.

sérieux. Souvent, certes, il se laissait entraîner dans des développements fumeux; mais c'était un trait de caractère contre lequel, visiblement, il luttait.

Les envieux et les jaloux ont tout reproché à Robert Charroux. D'aucuns l'ont traîné dans la boue en épinglant un des nombreux documents ridicules qu'il avait publiés en toute bonne foi. Car, il faut le savoir, Charroux était supporté par une masse de correspondants qui lui envoyaient des documents de toutes sortes. Trop confiant, comme tous les naïfs, Charroux ne vérifiait pas ces documents et les utilisait en toutes occasions. Charroux n'est donc pas seul responsable des bourdes que, parfois, il publia.

Ivan Verheyden qui est médecin et non archéologue a longuement cité Robert Charroux hors contexte pour conclure que cet homme n'était point archéologue, ce que Charroux, du reste, n'avait jamais prétendu. La critique était, pour le moins, déplacée. Elle illustre simplement la manière dont certains chercheurs parallèles procèdent pour discréditer leurs semblables. En vain, Ivan Verheyden voulait faire croire que le groupe qu'il avait fondé, à savoir *Kadath*, était nettement plus sérieux que les "ténors" de l'archéologie parallèle. Rien n'est moins évident! Citons, parmi le Comité d'Honneur de *Kadath*, Éric Guerrier qui n'est pas archéologue, mais architecte et dont les exégèses bibliques feraient dresser les cheveux sur la tête des spécialistes, tant elles sont délirantes.[1]

On n'est jamais si méchamment critiqué que par ses semblables quand ceux-ci ont quelques raisons d'être jaloux. Ainsi Jean Sendy, aujourd'hui décédé, avait-il péremptoirement déclaré que Charroux n'avait que douze ans d'âge mental. Charmant! Ce qui n'empêchait pas ce "fin psychologue" d'affirmer que Moïse avait fait usage d'une horloge atomique pour traverser la mer Morte et que la Lune était maintenue dans sa position... artificiellement![2]

Charroux eut certes des prédécesseurs comme par exemple

---

1. *Kadath*, Bruxelles, n° 26, p. 43-44.
2. SENDY (J.), *La Lune clé de la Bible*, Paris, J'ai lu, 1969; SENDY (J.), *Les cahiers de cours de Moïse*, Paris, J'ai lu, 1970.

Roger May et Nik Sanders, auteurs, ensemble, d'un ouvrage paru en 1957 et intitulé *Les derniers secrets de la planète*. Mais Charroux eut surtout des imitateurs comme Peter Kolossimo qui n'hésita pas à affirmer qu'un singe avait refait le théorème de Pythagore ou comme le Niçois Guy Tarade qui inventa une pyramide de plusieurs siècles haute de cinquante mètres en plein Nice, ladite "pyramide" n'étant constituée, en réalité, que par une succession de murs de soutènement ![1]

Erich Von Daniken

Erich Von Daniken naquit en Suisse le 14 avril 1935. Il fut élevé selon des principes catholiques stricts. À dix-neuf ans, il eut un malaise au cours duquel (a-t-il prétendu !) il eut l'impression que son esprit sortait de son corps. À cette occasion, il aurait vu, en un éclair, le passé, le présent et l'avenir, acquérant du même coup la révélation que nos ancêtres lointains avaient fréquemment rencontré des extraterrestres.

Au début de 1967, les éditions Econ Verlag acceptèrent son premier manuscrit qui dut être complètement refait par un spécialiste pour devenir lisible. L'ouvrage fut publié en 1968 et connut un succès foudroyant. Rapidement, il fut traduit en de nombreuses langues et suscita plusieurs émissions de télévision.

Un deuxième livre fut rapidement publié, reprenant et développant les arguments du premier. À en croire Daniken, les astronautes du passé n'avaient pas été avares d'indices de leur passage : on en trouvait partout et dans tout !

Puis furent encore publiés d'autres livres dont un causa une énorme sensation : Daniken y prétendait qu'il avait exploré, en Équateur, des galeries souterraines contenant une véritable bibliothèque antédiluvienne constituée de sculptures et de plaques en or massif.

---

1. TARADE (G.), *Chronique des mondes parallèles*, Paris, Laffont, 1974, p. 11; KOLOSSIMO (P.), *Archéologie spatiale*, Paris, Albin Michel, 1971, p. 169; BROCH (H.), *La mystérieuse pyramide de Falicon*, Montréal, éd. Québec/Amérique, 1976, p. 79-80.

Le succès engendre toujours les jalousies; mais cette fois ce ne furent pas les voix des jaloux qui firent le plus de bruit...

Des spécialistes commencèrent par accuser Daniken d'avoir cité hors contexte des extraits d'ouvrages anciens, puis on l'accusa d'avoir cité des textes... qui n'existaient pas. On dénonça comme "fraudes" certaines "fresques" dont il avait fourni des descriptions et des photos. Marcel Homet le poursuivit pour vol et recel : Daniken lui avait volé des photos d'un site archéologique et les avait publiées comme si elles étaient son œuvre. Les autorités brésiliennes accusèrent à leur tour Daniken d'avoir endommagé des peintures rupestres en les retouchant pour les rendre plus convaincantes afin d'illustrer ses théories!

On apprit que Daniken était allé à Tiahuanaco (Bolivie), mais qu'il n'y était resté que le temps de prendre une photo, empruntant sur place un mètre à un archéologue et prenant la pose en faisant mine d'effectuer des mesures. Aussitôt ce cliché pris, le faux chercheur s'était engouffré dans le taxi qui l'avait amené jusque-là et avait disparu, laissant sur place un archéologue ahuri par un tel comportement.

Enfin, Daniken fut accusé de n'avoir jamais exploré les fameuses galeries de l'Équateur, ce qu'il reconnut plus ou moins. Mais surtout, les fameuses plaques d'or massif qui étaient reproduites dans son livre s'avérèrent n'être qu'en cuivre repoussé.

Pour comble, Daniken purgea une peine de prison en Suisse pour avoir dérobé le tiroir-caisse de son ex-patron, tiroir-caisse grâce auquel il avait pu faire son premier "tour du monde" et publier son premier livre! Raison pour laquelle, également, le deuxième ouvrage de cet auteur fut écrit en prison...[1]

1.GORAN (M.), *The modern myth, ancient astronauts and UFOs*, New Jersey, Barnes, 1978, p. 25 et 31; VON DANIKEN (E.), *Mes preuves*, Paris, Albin Michel, 1978, p. 297-302; VON DANIKEN (E.), *In search of ancient gods*, London, Souvenir Press, 1973, p. 226-229 et 148-165; HOMET (M.), *À la poursuite des dieux solaires*, Paris, Denoël, 1972, p. 13; STORY (R.), *The space gods revealed*, London, New Engl. Libr., 1976, p. 17-18 et 80-90; *Kadath*, Bruxelles, 1974, n° 8, mai-juin, p. 3-7; *Les Cahiers rationalistes*, Paris, 1978, n° 343, juin-juillet, p. 271-282; *La Meuse-La Lanterne*, Liège, 24 juin 1975.

Puis une revue périodique naquit, chapeautée, bientôt, par une société commerciale qui organisa des "explorations" vers l'étrange, avec tout le confort en prime! Il ne manquait à Daniken qu'un biographe : il le trouva en la personne de Peter Krassa. Plus qu'une biographie, ce fut une véritable apologie ![1]

L'or des dieux, le livre où Daniken raconta ses fausses explorations des souterrains de l'Équateur, inspira une fumisterie dont Marie Thérèse Guinchard et Pierre Paolantoni furent les victimes ou les protagonistes. Cette fois, il fut question d'une expédition dans des cavernes, avec, en guise de bouquet final, la découverte d'une civilisation intraterrestre détentrice des fameux O.V.N.I. !

Naïveté ou incroyable audace, les deux auteurs de ce stupéfiant récit n'hésitèrent pas à prétendre qu'on avait découvert au Cameroun une tribu (nous citons) : "dont les membres sont dépourvus de moelle épinière" (sic !). Et d'ajouter (nous citons encore) : "Or, la moelle épinière apparaît chez l'humain à l'époque tertiaire. Cette secte (re-sic !) appartiendrait donc à l'ère quaternaire." Ce petit morceau en dit long quant au reste...[2]

Lassé par son sujet, ou celui-ci faisant de moins en moins recette, Daniken tenta de se reconvertir dans une autre forme de l'étrange où toutes les allégations fantaisistes sont elles aussi permises. Il écrivit un livre consacré aux miracles et aux apparitions. Ce livre fut un échec.

Tour d'horizon de quelques inepties

Nos ancêtres lointains, qu'ils soient venus du cosmos ou qu'ils aient eu de nombreux contacts avec les extraterrestres, n'ignoraient rien de nos merveilles technologiques. C'est, du moins, ce que prétendent un grand nombre d'archéologues parallèles dont aucun n'a jamais effectué la moindre fouille sur le terrain.

---

1. KRASSA (P.), *Erich Von Daniken disciple of the gods*, Bungay, Star Books, 1978.
2. GUINCHARD (M.T.) et PAOLANTONI (P.), *Les intra-terrestres*, Nice, Lefeuvre, 1978, p. 73.

Passons en revue quelques-unes de ces merveilles que l'homme bien informé n'a, paraît-il, plus le droit d'ignorer.

Selon Alain Gadmer, les anciens Égyptiens avaient non seulement pu observer des spermatozoïdes, mais ils avaient également découvert les lois de l'hérédité et avaient même réalisé des expériences de contrôle de l'hérédité au moyen des énergies cosmiques. C'est du moins ainsi que cet homme interprète certains hiéroglyphes et bas-reliefs égyptiens. Faut-il le dire, ce personnage est totalement incapable de lire le moindre hiéroglyphe. Comme jadis le bon Jésuite Kircher, il se contente de deviner, au gré de sa fantaisie, la signification de ces signes qui, pour lui, demeurent... de l'égyptien![1]

Plus près de nous, ce sont les Romains qui connurent... le satellite artificiel. C'est en effet un genre de "spoutnik" que Peter Kolossimo et quelques autres ont cru voir sur une pièce de monnaie frappée sous l'empereur Pertinax en 193 de notre ère.[2]

Franchissons l'océan. Eric et Graig Umland nous apprennent qu'*on* a retrouvé autour des pyramides mayas des cylindres d'acier inoxydable, des instruments en alliages peu courants, des lentilles sophistiquées, des modèles réduits du système solaire, des fragments de batterie électrique et, enfin, des transmetteurs.

Ouf! Tout cela est cité pêle-mêle, sans la moindre preuve, en l'espace d'une seule phrase par ces deux "historiens".[3]

Guy Tarade a affirmé que le fameux calendrier circulaire de pierre des Aztèques que l'on peut voir au musée de Mexico était un accumulateur-émetteur d'influx cosmo-tellurique. Capable de vibrer, cette véritable pile psychique équilibrait les formes pensées de tout un peuple et faisait communiquer les puissances du ciel avec celles de la Terre.[4]

---

1. *Les Cahiers de l'Étrange*, Nice, 1976, n° 3 de novembre, p. 33-37.
2. KOLOSSIMO (P.), *Archéologie spatiale*, Paris, Albin Michel, 1971, p. 77-80.
3. UMLAND (E.) et (G.), *Mystery of the ancients*, New York, Signet, 1975, p. 50.
4. TARADE (G.), *Chronique des mondes parallèles*, p. 114-115.

Heureux celui qui peut comprendre le sens exact d'un pareil charabia !

Sur une urne funéraire zapotèque figurent des têtes qui paraissent hérissées d'antennes-radar. Encore faut-il considérer ces objets avec un peu d'imagination, concède Peter Kolossimo.[1]

Eric et Graig Umland n'en manquent pas, eux, d'imagination, puisqu'en interprétant très librement les descriptions d'un explorateur du XIXe siècle ils ont conclu que les Mayas possédaient... la télévision ! Andrew Thomas a bien suggéré que les anciens Chinois utilisaient les rayons X sous la forme d'un miroir permettant de voir l'intérieur du corps humain. Dès lors, pourquoi pas la télévision maya ?[2]

Ne parlons pas de l'énergie nucléaire, laquelle, à en croire nombre d'archéologues parallèles, faisait partie de la vie quotidienne de nos ancêtres. Une vaste littérature existe à ce sujet, la "bombe atomique" étant jugée, ici et là, responsable de la destruction de l'Atlantide et de la création des grands déserts actuels.

Mais le plus beau fleuron de cette collection restera sans doute toujours la fusée de la dalle de Palenque, au Yucatan. Résumons : découverte en 1949, la crypte de la pyramide de Palenque abritait la tombe du roi Pacal, mort en 683. La lignée, les dates de naissance et de mort du roi étaient gravées sur le couvercle en pierre de la cuve funéraire. Ce couvercle portait, en outre, une magnifique sculpture représentant un homme quasi nu en position fœtale, entouré d'un arbre de vie cruciforme, d'un serpent à deux têtes et de feuilles de céréales. Les archéologues parallèles ne virent point ces représentations évidentes : ils virent un astronaute vêtu d'une combinaison moulante, représenté dans une fusée et actionnant une pédale et un levier. Ils virent même qu'il respirait par un inhalateur. En fait d'inhalateur, il n'y avait qu'un ornement touchant à peine la *pointe* du nez. La "pédale" n'était qu'une

---

1. KOLOSSIMO (P.), *Archéologie spatiale*, p. 234.
2. UMLAND (E.) et (G.), *Mystery of the ancients*, p. 8 ; THOMAS (A.), *Les secrets de l'Atlantide*, Paris, Laffont, 1969, p. 104-105.

coquille marine, symbole de la mort. Le levier n'était qu'un des éléments d'un dieu solaire situé à l'arrière plan.

Au départ, les archéologues parallèles se contentèrent de publier des dessins de la dalle funéraire, dessins parfois peu fidèles à l'original. Puis vinrent les photos et enfin les films tournés pour M. Daniken. Des voyages au Yucatan furent organisés, même quand la tombe fut fermée aux touristes. Une manœuvre, disaient les archéologues parallèles, qui visait à étouffer la vérité.

La vérité? Mais elle était éclatante, au contraire! Une réplique *exacte* du tombeau de Pacal pouvait en effet être examinée dans d'excellentes conditions au musée anthropologique de Mexico. Cette réplique figurait même sur une pleine page, en couleurs, dans un ouvrage aussi répandu que *L'Amérique précolombienne*, paru en 1968 aux éditions Time Life sous la signature de J. Leonard. La même réplique est encore mieux reproduite dans l'ouvrage de Jesus Romé intitulé *Les Mayas* qui fut très largement diffusé par le club du livre France Loisirs.

Des photographies de la cuve et du squelette qu'elle contenait — et à côté duquel il n'y avait pas de combinaison spatiale ! — avaient été publiées par l'inventeur du trésor lui-même dès sa découverte. Citons, pour mémoire, un article de *Paris-Match* (n° 382) du 4 août 1956.

Qui oserait prétendre, après cela, que tout fut fait pour étouffer la vérité ?

Ce n'est pas tout, il y a mieux encore : l'homme représenté sur le couvercle de la dalle était, avons-nous dit, en position fœtale. Un arbre de vie cruciforme s'échappait de son ombilic. Faux! disaient les archéologues parallèles qui interprétaient la sculpture en la faisant pivoter de quatre-vingt-dix degrés. Or, non loin de la pyramide creuse, sur le Temple de la Croix, à Palenque même, figurait une autre sculpture représentant encore l'arbre de vie cruciforme. Il était identique à celui figuré sur la dalle funéraire. Daniken et tous ceux qui se rendirent à Palenque ne purent pas ne pas observer cela et en tirer les conclusions qui s'imposaient. Ce bas-relief apparaît en page seize du numéro 22 de la revue

Archéologie de mai-juin 1968, mais il avait également été publié sous une forme plus distincte par *Science et Avenir* dans son numéro 137 de juillet 1958, en page trois cent soixante-quatre. Voilà des références précises, incontestables, qui ne font certainement pas partie de la catégorie d'ouvrages qui est d'ordinaire réservée aux éminents spécialistes et dont la diffusion reste, pour la cause, assez confidentielle. On peut donc conclure que la documentation des archéologues parallèles est d'une qualité déplorable.

Dans son livre *Astronautes de la préhistoire* (!), Peter Kolossimo a publié en page deux cent quatre-vingt-huit un document sur lequel figurait, ainsi qu'il le signalait, plusieurs arbres de vie "en forme de croix surmontée d'un perroquet solaire". Cette peinture des anciens Mexicains aurait dû, logiquement, rappeler à cet auteur (et à ses lecteurs!) la dalle de Palenque. Eh bien non! M. Kolossimo n'a vu là que des dieux portant casques et armes mystérieuses, le tout, selon ses propres termes, se prêtant "aux interprétations les plus téméraires et les plus fantastiques".[1]

L'attitude des véritables historiens et archéologues

Tout ceci, nous dira-t-on, est consternant. Mais pourquoi donc les savants, les historiens, les préhistoriens ne réagissent-ils pas plus vigoureusement à l'encontre de toutes ces stupidités? Pourquoi ne les dénoncent-ils pas à grand renfort de publicité?

Thor Heyerdahl a très bien répondu à ces questions dans une lettre qu'il a adressée le 4 août 1975 à Ronald Story. En fait, y expliquait-il, les historiens, comme les scientifiques, vivent dans un monde fermé. Ils publient leurs études dans des ouvrages spécialisés et ne se soucient pas ou très peu de faire de la bonne et intelligente vulgarisation. Ils peuvent discuter, entre eux, de menus détails; mais quand il paraît un ouvrage insensé, ils en rient de bon cœur, tout simplement, s'ils le prennent pour une farce, ou

1. SLADEK (J.), *The new apocrypha*, London, Granada, 1978, p. 79; KOLOSSIMO (P.), *Astronautes de la préhistoire*, Paris, Albin Michel, 1972, p. 288; BROCH (H.), *La mystérieuse pyramide de Falicon*, Montreal, éd. Quebec/Amérique, 1976, p. 77; *Les Cahiers rationalistes*, Paris, 1978, n° 343, juin-juillet; *Science et Avenir*, Paris, 1958, n° 137, juillet, p. 264.

sourient d'un air méprisant en se demandant comment il est possible de croire et d'écrire de pareilles sottises. Hélas, tout illusionnés qu'ils sont de leur érudition et de leurs connaissances, ils n'imaginent pas, bien souvent, que ces absurdités vont être crues par une grande quantité de gens crédules et avides de merveilleux. Quand ils se rendent compte de ce qui se passe, les spécialistes haussent les épaules, jugeant que ceux qui sont assez naïfs pour croire de telles choses n'ont que ce qu'ils méritent et que ce serait perdre un temps précieux que de chercher à les éclairer. Ainsi, on tourne en rond; une certaine incommunicabilité s'installe entre les spécialistes et le public, les premiers se souciant peu de faire partager leur savoir, ce qui le "vulgariserait", et les seconds se persuadant, peu à peu, que les premiers ont quelque chose à cacher et que cela ne peut qu'être fantastique. Qui propose du rêve au public a donc toutes les chances de remporter un vif succès![1]

1. STORY (R.), *The Space Gods revealed*, p. 61-63.

II

LE FATRAS DES SCIENCES OCCULTES, DE LA MÉTAPSYCHIQUE ET DE LA PARAPSYCHOLOGIE

LES SCIENCES OCCULTES

L'alchimie

Tout le monde a entendu parler des *sciences occultes*. Étrange expression en vérité! Car enfin, comment une science pourrait-elle se développer de façon occulte? Imaginons un instant les scientifiques d'aujourd'hui travaillant pour eux seuls, n'organisant ni symposiums ni congrès. Imaginons-les n'écrivant plus aucune communication scientifique pour des publications spécialisées mais rédigeant, au contraire, des grimoires obscurs remplis de termes voilés qui ne seraient compréhensibles que pour eux seuls. Ainsi l'astronome Dupont appellerait "planète" une comète, "étoile" une galaxie et "citron" notre Lune tandis que son confrère Durant désignerait une comète par le terme "orange", une galaxie par le terme "citron" et notre Lune par le mot "Soleil". On sourit, bien entendu, d'une telle éventualité; et pourtant, c'est à peu près ce que les alchimistes et beaucoup d'autres adeptes des "sciences occultes" ont toujours fait. La science d'aujourd'hui se caractérise par un vocabulaire compliqué, mais précis, sans aucune ambiguïté. Les "sciences occultes", elles, ne disposent que d'un jargon mal défini qui permet toutes les interprétations.

Le concept d'*occultisme* est, en lui-même, la plus belle négation du progrès scientifique que l'on puisse imaginer. Il n'y a plus de progrès possible là où plus personne ne peut se comprendre, là où tout échange d'idées précises est devenu inimaginable.

De toutes les sciences occultes, c'est l'alchimie qui a pu paraître la plus structurée. L'*Art royal*, comme disaient ses adeptes, ne pouvait se concevoir sans laboratoire bien qu'il fût, selon ses plus célèbres adeptes, une discipline autant morale ou psychologique

que pratique. L'or, a-t-on dit bien souvent, n'était pas le but ultime de l'alchimiste; ce qu'il recherchait, la pierre philosophale, c'était avant tout une transformation morale et psychologique, une sorte de sublimation de tout l'être. Il n'empêche : l'alchimiste ne pouvait se passer de son laboratoire, contrairement au sorcier ou au devin. Cette différence fondamentale qui existe entre l'alchimie et les autres "sciences occultes" est à l'origine d'une croyance qu'il faut absolument dénoncer. On a répété bien souvent, en effet, que l'alchimie avait été les premiers balbutiements de la chimie, comme l'astrologie aurait été à l'origine de l'astronomie. Rien n'est plus faux.

À l'origine, l'homme fut astronome et non astrologue. Quand, dès la préhistoire, nos ancêtres comptèrent les jours et les nuits, différencièrent les phases de la Lune et composèrent les premiers calendriers, ils faisaient de l'astronomie. L'astrologie apparut beaucoup plus tard et vint se greffer, avec ses croyances, sur une véritable science basée sur des observations et des calculs (encore assez rudimentaires). L'astrologie se développa à la façon d'un parasite ou d'une tumeur maligne, étouffant la jeune science astronomique sous le poids d'un nombre inouï de croyances insanes.

L'alchimie ne précéda pas davantage la chimie comme on l'entend si souvent dire. Les premiers chimistes furent les forgerons et même, dans une certaine mesure, tous ceux qui préparèrent leur nourriture en la cuisant. La métallurgie naquit du besoin de créer des outils et des armes destinés à des usages bien spécifiques. La découverte du trempage des métaux fut une innovation rendue possible grâce à de multiples observations attentives. La teinture des tissus, la fabrication du verre, la cuisson des poteries et des émaux colorés, toutes ces inventions et bien d'autres encore posèrent les bases de la chimie expérimentale dès la plus haute Antiquité. L'alchimie apparut bien plus tard. Elle aussi imposa ses croyances et étouffa un long moment les progrès obtenus jusque-là par d'utiles recherches expérimentales en tous domaines. Par la faute des sottises alchimiques, la chimie dévia de son but originel. Durant une longue éclipse intellectuelle, la plupart des expérimentateurs convertis à l'alchimie n'eurent plus qu'une idée fixe : découvrir la pierre philosophale. On a dit que les alchimistes avaient fait quelques découvertes dans les substances et dans des manipulations expérimentales. Cela n'est vrai qu'en partie. En ce qui concerne les manipulations expérimentales et le matériel, les alchimistes copièrent tout simplement leurs prédécesseurs et notamment les forgerons et les Arabes. Quant aux substances, ils en découvrirent quelques-unes; mais c'était chose inévitable. En effet, à force de manipulations très diverses et souvent même ridicules, effectuées sans méthode et basées sur des idées préconçues, les alchimistes découvrirent *par hasard* quelques substances. En un temps où très peu de substances différentes étaient connues, de telles découvertes n'étaient pas très difficiles. S'ils reconnurent de nouvelles substances, les alchimistes *ne surent pourtant jamais les analyser*. L'analyse et la synthèse relèvent de la chimie et furent toujours ignorées des alchimistes.

Dans une étude fouillée consacrée à Jean-Baptiste Van Helmont, Paul Nève de Mévergnies a parfaitement démontré que l'alchimie n'a pas engendré le progrès des connaissances, mais bien la stagnation de celles-ci[1]. Cet auteur a montré, par exemple, que Van Helmont était resté prisonnier de ses idées fixes et de ses croyances spiritualistes auxquelles il avait finalement sacrifié ses recherches expérimentales. Or, remarquons ici comment les pseudo-historiens des sciences parallèles procèdent pour renverser les vérités historiques à leur profit... Dans maints ouvrages en faveur de l'alchimie, il est dit que le grand chimiste Van Helmont fut convaincu, par une expérience qu'on fit devant lui, de l'existence de la pierre philosophale et de la transmutation du plomb en or. Ceci est interprété comme une preuve que la science officielle a dû, très tôt, reconnaître la valeur de la science occulte. La vérité est à l'opposé de cela : Van Helmont, s'il est considéré comme chimiste, était *avant tout* alchimiste (*philosophe par le Feu* comme disaient les alchimistes pour désigner les leurs). Sa vie tout entière fut guidée par ses croyances ésotériques, à tel point qu'il appela même son fils " Mercure ". C'est tout dire ! Le témoignage de Van Helmont en faveur de la transmutation des métaux ne compte donc pas; c'est même, sous la plume des partisans de l'alchimie, un faux témoignage.

1. NÈVE DE MÉVERGNIES (P.), *Jean-Baptiste Van Helmont, Philosophe par le Feu*, Paris-Liège, Libr. Droz, 1935, p. 216-219.

La croyance à des secrets ne pouvant être révélée qu'à un petit nombre d'initiés, l'espoir d'une découverte de ces secrets par l'initiation ou la compréhension d'un grimoire codé (voir à ce propos la *légende* de Nicolas Flamel) pousse les adeptes des " sciences occultes " à économiser leurs efforts intellectuels. Il leur suffit, croient-ils, d'attendre l'initiation ou la révélation des grands secrets de la nature en ne cessant pas de répéter les mêmes opérations de purifications morales, physiques ou même chimiques. C'est le principe même de la stérilisation pure et simple de la recherche scientifique. Les occultistes nous montrent l'exemple des alchimistes occupés à refaire interminablement les mêmes " expériences ". On nous cite en exemple les mages de toutes sortes essentiellement préoccupés de méditations, répétant la même prière, les mêmes mantras, se " concentrant " indéfiniment sur les mêmes pentagrammes... Comment ose-t-on appeler cela des sciences ? Des sciences où il n'y aurait pas de recherche, où il n'y aurait pas de moyen de faire connaître à d'autres, de façon précise, les progrès expérimentaux; des sciences, enfin, où la règle serait la répétition des " acquis " on ne peut plus fumeux des " anciens initiés " !

Les adeptes des sciences occultes ont beau jeu de citer parmi leurs ancêtres quelques génies des temps passés. Ils oublient, ce faisant, de préciser que l'intérêt de ces génies pour l'occultisme ne fut généralement qu'un intérêt *passager*; celui que doit avoir tout esprit curieux. On n'en finirait pas non plus, sur ce point précis, de redresser les multiples impostures historiques dont se sont rendus coupables les tenants des " sciences occultes ". Car il est établi de la façon la plus formelle qui soit qu'une multitude de textes à contenu ésotérique ne furent jamais écrits par les génies auxquels ils sont scandaleusement attribués. Ne citons que les célèbres grimoires de magie qu'on a attribués à Albert le Grand et qui ne contiennent qu'un ramassis de sottises qui auraient fait honte à leur prétendu auteur.

L'alchimie, dont certains osent encore parler révérencieusement, ne fut pas davantage que les autres " sciences occultes " une science au sens que nous donnons aujourd'hui à ce mot. Elle subjugua cependant de grands esprits. Mais nous montrons tout au long du présent ouvrage que de grands esprits, en abandonnant la méthode scientifique au profit de la croyance, agissent souvent comme des ignorants. Pire même, un savant qui devient sectaire est plus borné encore qu'un ignorant qui se moque de ne rien savoir. L'homme de science égaré dans les certitudes absurdes a, pour se persuader qu'il est dans le vrai, le souvenir de la valeur scientifique de ses travaux antérieurs. Songeons ici à la triste fin du grand Newton, devenu fou à force d'avoir trop manipulé du mercure dont il respira en quantité les dangereuses vapeurs. Newton avait été, comme beaucoup d'autres, subjugué par l'alchimie et s'était adonné aux constantes manipulations puériles qu'elle impose. L'origine de la folie de Newton, qui est aujourd'hui connue, devrait éclairer nos lecteurs sur l'origine des absurdités que contient la littérature des Adeptes et de leurs défenseurs...[1]

Richard Saint-Germain : un immortel s'est suicidé

Des événements tout à fait modernes montrent à quel point les gens attirés par l'occultisme et l'alchimie peuvent être naïfs...

C'était à la fin de l'année 1971, à Paris. Un homme qui paraissait âgé d'une trentaine d'années commençait à faire beaucoup parler de lui. Qui disait-on qu'il était ? Le comte de Saint-Germain. Signe particulier ? Immortel.

Dans son troisième numéro, une revue commerciale qui venait d'être créée et qui s'intitulait *Le Grand Albert* publia la première photographie nette de ce personnage. Bel homme, sérieux comme un pape, le "comte" paraissait désireux de communiquer un message à une foule de gens avides de révélations...

Le 28 janvier 1972, cet "aventurier" des siècles passés (!) transmuta (!) un morceau de plomb en or devant les caméras de la télévision française. Il fut aussitôt propulsé à la une de plusieurs journaux.

Ensuite, les événements se précipitèrent.

1. *Science et Vie*, Paris, novembre 1980, p. 68.

Officiellement, ce comte de Saint-Germain tenait une boutique d'antiquités et roulait dans une coûteuse voiture sport. Néanmoins, sur les antennes d'Europe 1 où il tint plusieurs fois la vedette, il affirma, sans complexe, qu'il possédait un hangar, près de Chartres, où il rangeait une soucoupe volante qu'il utilisait pour se rendre au Tibet quand il devait rencontrer les alchimistes initiés qui y vivaient, immortels comme lui.

Des milliers de gens crurent ces fadaises.

Au cours d'une soirée, l'intrigant rencontra la chanteuse Dalida dont il partagea bientôt la vie. Par Dalida, on apprit qu'il se prénommait "Richard". De quoi nourrir des doutes sur la personnalité réelle du personnage ? Même pas !

Notre "comte" fit un disque de "révélations" stupéfiantes, puis accepta de tenir une chronique dans l'hebdomadaire *Nostradamus* devenu, depuis, *Nostra Magazine*. Entre temps, la revue *Le Grand Albert* avait sombré corps et biens : la pornographie, sous prétexte de magie noire, n'ayant pas réussi à lui conserver une clientèle suffisante.

La petite chronique que Richard Saint-Germain tint dans *Nostradamus* devint très rapidement une grotesque chronique du cœur. Nul ne parut s'étonner que le très célèbre comte qui avouait trois mille ans d'âge et parlait de ses voyages sur d'autres planètes put se contenter d'une fonction aussi débile que celle-là.

À court d'idées, Richard Saint-Germain commença à tourner en rond. Une reconversion s'imposait. Grâce à Dalida, il put enregistrer un disque et interpréter une banale chanson de charme. D'aucuns, pourtant, continuaient à croire en ce "comte"...

Le grand initié rivalisa pourtant de projets de plus en plus terre à terre : il parla d'un scénario pour la télévision puis, suite à une rupture avec Dalida, il tenta de se pendre, mais se rata.

Discrédité à jamais ! Douche froide pour ceux qui y avaient cru...

En juin 1976, alors qu'il avait repris la vie commune avec Dalida, Richard Chanfray (c'était son vrai nom) tira à la carabine sur un jeune homme venu rejoindre sa petite amie — une employée de maison au service de Dalida — dans la demeure de la chanteuse. Le scandale ne put être étouffé et Richard fut incarcéré. N'ayant pas de fortune personnelle, ce qui est dramatique pour un alchimiste, il ne put payer les dommages et intérêts auxquels il fut condamné. Ce fut Dalida, dit-on, qui en paya une bonne partie.

Après les élections de mai 1981, Richard Chanfray bénéficia d'une remise de peine. Sorti de prison, il s'afficha avec une jeune comtesse, une vraie celle-là, d'origine belge. Il annonça qu'il allait refaire sa vie... avec la comtesse qui était belle et riche. Chanfray déclara encore qu'il était sur le point de signer un contrat avec une chaîne de télévision américaine pour porter à l'écran la vie du comte de Saint-Germain.

Hélas. Richard Chanfray et sa nouvelle compagne ne connurent qu'une brève idylle. Ils se suicidèrent tous deux, misérablement, dans une petite voiture...

On savait depuis longtemps, grâce à un livre de Pascal Sevran, que Richard Chanfray avait été, jadis, condamné pour vols et assassinat, et qu'il était sorti de prison le 6 mai 1967. Une femme riche lui avait presque aussitôt offert une Porsche et lui avait mis le pied à l'étrier pour recommencer une vie nouvelle. Le métier d'antiquaire ne lui avait pas suffi.[1]

Richard Chanfray connut une gloire extraordinaire pendant quelques mois et mystifia des milliers de gogos. Il y a plus d'une leçon à tirer de cette histoire navrante.

---

1. SEVRAN (P.), *Le Comte de Saint-Germain aujourd'hui*, Paris, Nouv. Office d'Éd., 1973.

LE SPIRITISME

Les sœurs Fox

En 1847, deux gamines, les sœurs Fox, qui habitaient l'État de New York, prétendirent être harcelées dans leur maison par des bruits sourds d'origine inconnue. En compagnie d'autres personnes à qui elles avaient parlé de la chose, elles eurent l'idée d'entamer un dialogue avec ces bruits. Un code simple fut utilisé : un coup équivalait à "a", deux coups à "b", etc.

Ainsi, de coup en coup, elles apprirent que la maison était hantée par l'esprit désincarné d'un colporteur jadis assassiné en ce lieu.

Le spiritisme était né.

À la même époque, Hippolyte Léon Rivail enseignait les sciences dans un lycée parisien. Il vivait dans l'aisance grâce à la fortune personnelle de son épouse et aux droits d'auteur qu'il percevait sur une série de traités de droit, de médecine, de mathématiques et de grammaire qu'il avait rédigés à l'usage des enseignants. Rivail qui était né en 1804 avait une passion : le magnétisme. C'est par le biais de celle-ci qu'il rencontra un groupe de "spiritualistes" (comme on disait alors) dont il étudia l'importante, mais très hétéroclite, documentation rassemblée de tous les coins du monde, et plus particulièrement des États-Unis.

Au cours d'une séance "spiritualiste", une médium révéla à Rivail qu'il avait jadis été un druide du nom d'Allan Kardec et que les esprits le guidaient pour révéler au monde une nouvelle doctrine...

Dites à un pédagogue mordu pour l'étrange qu'il est un druide réincarné et qu'il a une mission pédagogique à accomplir, vous verrez le résultat ! Rivail fut si frappé par cette " prédiction " qu'il se sentit " devenir inspiré "... Bientôt convaincu de l'existence des esprits désincarnés, il rédigea un traité à leur sujet pour enseigner à tout un chacun cette révélation dont il ne pouvait moralement rester le seul dépositaire.

Le livre des Esprits parut en 1857. Il était signé, vous l'auriez deviné, Allan Kardec.

Le succès fut foudroyant.

Pour la première fois étaient ordonnées les méthodes et les doctrines de ce que Kardec baptisa le spiritisme. À travers d'autres livres dont le plus curieux fut sans doute *L'Évangile et le Spiritisme*, Rivail (alias Kardec) continua à développer et à promouvoir les idées spirites.

Quand Kardec quitta ce monde pour celui des esprits, son œuvre fut poursuivie par Léon Denis qui signa à son tour un grand nombre de livres, lesquels popularisèrent définitivement la manie du guéridon.[1]

Les " matérialisations " médiumniques

Les médiums ne se contentèrent pas longtemps de converser avec les esprits en faisant bouger des guéridons; bientôt ils produisirent des phénomènes plus extraordinaires comme par exemple les " matérialisations " ectoplasmiques.

Peu avant la première guerre mondiale, on disposait déjà de photographies de matérialisations de toutes sortes qui étaient, pour les spirites, autant de preuves irréfutables.

Les études les plus complètes et les plus détaillées qui furent

1. *Dictionnaire des sociétés secrètes en Occident*, Paris, C.A.L., 1971, p. 265-267.

réalisées en France sur ce sujet particulier furent l'œuvre de Mme Juliette Alexandre-Bisson, aidée par le baron Von Schrenk-Notzing et le Dr Gustave Geley. Un seul médium — extraordinairement doué — fut utilisé pour ces expériences : une jeune femme qu'on disait se prénommer Eva.

Aujourd'hui, les médiums à matérialisations ont, de l'avis des "spécialistes", complètement disparu. Pourquoi ? La réponse semble être contenue dans l'ouvrage que Mme Bisson réalisa à propos de ses expérimentations...

En examinant attentivement les nombreuses photographies de "matérialisations" qui illustrent cet ouvrage devenu rare aujourd'hui, on peut constater qu'Eva pouvait proposer deux sortes de "matérialisations". Les premières consistaient en images planes, sans aucun relief, qui apparaissaient comme en se dépliant et qui présentaient d'évidentes traces de pliures et de déchirures. Les secondes consistaient en une substance qui avait l'aspect d'un tissu très fin, du genre du tulle, associée à du mucus. Le texte relatif à ces expérimentations nous apprend que les productions du second type laissaient des traces parfaitement matérielles comme par exemple des cheveux, des fragments de peau, des cellules épithéliales et... du mucus. Mieux encore : Eva vomissait parfois du sang après les expériences auxquelles elle se soumettait; cela se produisait surtout quand elle avait pu obtenir d'abondantes "matérialisations". Ce sang était lui-même mélangé de mucus et de cellules épithéliales provenant du pharynx.

Tout cela, ce sont les expérimentateurs qui l'ont constaté.

Quand nous aurons dit que, selon eux, maintes "matérialisations" furent aperçues sortant ou rentrant par la bouche du médium, nous aurons tout dit — ou presque — sur la technique frauduleuse employée en la circonstance !

Pourtant, ni Mme Bisson ni Von Schrenk-Notzing, ni même le scrupuleux Dr Geley ne comprirent le trucage. Tous affirmèrent que toute fraude était impossible puisque Eva avait été fouillée au préalable, y compris dans les cavités naturelles...

Voilà à quel aveuglement peut conduire une idée fixe!

Aveuglement est le mot juste puisque sur certains clichés on peut voir un fil ténu qui relie la "production médiumnique" à un endroit particulier du corps d'Eva.

Cette Eva, qui était-elle? De son vrai nom Marthe Beraud, elle s'était déjà illustrée auparavant, en 1905, à Alger, en faisant apparaître une tête de fantôme casquée qui était... la sienne affublée d'une barbe postiche noire. À l'époque, elle avait été démasquée, bien qu'avec certaines hésitations, par Charles Richet qui ne demandait pas mieux que d'y croire...[1]

Un spirite nommé Flammarion

Les plus éminents scientifiques du temps s'intéressèrent au spiritisme qui envahit rapidement les salons les mieux fréquentés. Marie Curie, comme beaucoup d'autres, n'eut pour le spiritisme qu'une certaine curiosité amusée, contrairement à ce qu'ont prétendu certains. Charles Richet, William Crookes, sir Olivier Lodge et Camille Flammarion, par contre, y consacrèrent un temps considérable. Tous, à vrai dire, ne demandaient qu'à y croire et chacun d'eux se laissa bien souvent duper par d'habiles fraudeurs. Que ces derniers aient été démasqués rapidement ou non ne changea rien aux convictions intimes des scientifiques que nous venons de citer, car tous continuèrent à penser, contre vents et marées, qu'il se passait "quelque chose". L'attitude d'un Flammarion fut, sur ce point, paradoxale. C'est lui qui répandit un récit reprit depuis lors un grand nombre de fois sous diverses formes et dont voici un résumé très succinct...

Lord Dufferin aurait vu, une nuit, en Irlande, un homme hideux portant sur son dos un cercueil. Quelques années plus tard, le même lord Dufferin se trouvant au Grand Hôtel de Paris aperçut dans l'ascenseur qu'il allait emprunter, l'homme d'aspect

1. *Que savons-nous des fantômes?*, Paris, Tchou, 1978, p. 153; ALEXANDRE-BISSON (J.), *Les phénomènes dits de matérialisation*, Paris, F. Alcan, 1914, p. 101-113, 166, 175, 245 et 246.

hideux. Instinctivement, lord Dufferin recula, laissant l'ascenseur partir sans lui. Fort heureusement pour lui, car l'engin s'écrasa aussitôt dans un vacarme épouvantable broyant tous ses occupants.

Vision de spectre, cercueil, prémonition, accident et cadavres, tous les ingrédients d'un scénario de film d'horreur sont ici réunis. " Cette aventure fantastique est bien arrivée " précisait Flammarion qui n'avait rien vérifié ! Paul Heuzé le fit à sa place et découvrit que tout était faux. Nous lui emprunterons son intéressante conclusion : " Or, dans cinquante ans, lorsqu'un spécialiste de ces questions publiera un nouvel ouvrage de propagande, il recueillera tranquillement toutes ces légendes, y compris encore celle de lord Dufferin, pour en faire son volume. Et il le faut bien ! Car autrement — je veux dire si les auteurs de ces ouvrages contrôlaient eux-mêmes l'authenticité de leurs récits —, lesdits ouvrages resteraient tout justement de simples cahiers de papier blanc. "[1]

Paul Heuzé ne se trompait pas, hélas. Cette légende dont on crédita lord Dufferin a été, depuis, reprise un grand nombre de fois. On s'est contenté de changer les lieux, les dates et les noms des personnages, quand, bien sûr, on donnait ces noms !

Qui parcourt les quelques ouvrages que Flammarion consacra à ces sujets est pris de vertige : est-ce bien là le travail d'un astronome qui fut peut-être un des meilleurs vulgarisateurs scientifiques ? Flammarion était certes un romantique; sa plume cédait (trop) facilement au lyrisme; mais du lyrisme à l'absurde et de l'absurde à l'illogisme, il y a tout de même une marge ! Que devint, chez Flammarion, le doute scientifique pendant tout le temps qu'il s'occupa des esprits, des fantômes et autres tables parlantes ? Quant à la méthode... Flammarion se contenta bien souvent de collectionner des lettres qu'il considérait comme autant de témoignages objectifs et précis. Telle fut ordinairement la matière première de ses " recherches " dans le domaine spiritualiste !

Ayant laissé entendre à Paul Heuzé qu'il n'était pas spirite convaincu, et ce dernier l'ayant publié, Flammarion se récria,

---

1. HEUZÉ (P.), *Les morts vivent-ils?*, Paris, Ren. du Livre, circa 1921, p. 230-232.

comme effrayé par son propre doute scientifique. Bien sûr qu'il était spirite, qu'il croyait aux fantômes et aux esprits, rectifia-t-il immédiatement. Ce dont Paul Heuzé, imperturbablement, prit bonne note. Mais que pensa de cela Mme Gabrielle Flammarion qui avait beaucoup insisté, en particulier, auprès de Paul Heuzé : "Mon mari n'est pas spirite; pas spirite du tout!"[1]

"Le corps d'un désincarné devrait être nu", admettait Flammarion qui poursuivait : "Dans la nature, il n'y a pas de pudeur: c'est là un sentiment de convention, tout artificiel. Un double fluidique de l'être humain avec un chapeau, des gants, une ombrelle, et répandant un parfum à la mode, est grotesque et incompréhensible. Quand il y a hallucination, parbleu, cela va tout seul. Ou encore, si un vivant matérialise sa pensée. Mais dans le cas où il y aurait reconstitution réelle, photographiable, du corps d'un désincarné, c'est inexplicable... Je vous le répète, je ne sais rien, rien, rien! Tenez, parlons d'autre chose."

Voilà comment le pauvre Flammarion, empêtré dans ses croyances, reconnaissait devant Paul Heuzé l'illogisme du spiritisme; mais voilà aussi comment, aussitôt, il écartait les conclusions qui s'imposaient. Il ne restait à Mme Flammarion qu'à affirmer, comme pour exorciser sa peine : "Mon mari n'est pas spirite; pas spirite du tout!"

Vérifications élémentaires

L'histoire critique du spiritisme ayant été reproduite maintes et maintes fois, nous ne la retracerons pas une fois de plus. Il nous suffira de rappeler qu'il fut démontré sans contestation possible, par Faraday et quelques autres, que les tables tournantes, les planchettes ouija ou même les verres sur lesquels les médiums appuient les doigts ("à peine", dit-on!) répondent *uniquement* aux sollicitations conscientes ou non desdits médiums ou de leurs dupes. Les mêmes sollicitations sont, du reste, responsables des mouvements des pendules et des baguettes des radiesthésistes. Un truc simple permet de confondre n'importe quel médium.

1. HEUZÉ (P.), *Les morts vivent-ils?*, p. 35 et 96-98.

Il suffit de glisser entre ses doigts et l'objet sur lequel ils se "posent" une feuille de papier à cigarette. L'objet ne bouge que si la feuille se froisse, ce qui démontre la pression très réelle exercée par le médium sur l'objet. Ce truc est inspiré des expériences plus complexes de l'illustre Faraday.[1]

1. AMADOU (R.), *La parapsychologie*, Paris, Denoël, 1954, p. 62-65; *Scientific American*, New York, January 1975, p. 52-53, et January 1976, p. 10.

DÉMONOLOGIE
ET
SORCELLERIE

Courte histoire de l'Inquisition

Si le spiritisme devint, il n'y a guère, une religion moderne (voir par exemple l'Antoinisme fondé à Liège, en Belgique, par le père Antoine), il s'appuyait néanmoins sur une croyance très ancienne : celle des esprits bons et des esprits méchants.

La croyance au diable qui, à travers l'évolution de l'humanité, a revêtu plusieurs formes, a suscité, un certain temps, une vaste épidémie de sorcellerie. Nous ne ferons qu'évoquer ce problème à propos duquel tant d'ouvrages — sérieux ou non — ont été écrits. Il nous importe en effet seulement de montrer comment cette épidémie naquit, se développa et, enfin, disparut.

Au Xe siècle, l'Église n'avait pas encore reconnu l'existence du sabbat des sorciers et des sorcières. À cette époque, en effet, le moine Réginon signala que des femmes prétendaient voyager, la nuit, dans les airs, sur le dos de certaines bêtes et sous la direction d'êtres surnaturels. Selon Réginon, ces êtres surnaturels ne pouvaient être que Diane, la déesse des païens, et Hérodiade, dont parle l'Évangile. Ces voyages n'existaient pas, concluait le moine qui ajoutait que c'était le diable qui agissait sur l'imagination de ces personnes. Cette opinion reflète exactement la pensée de l'Église aux Xe, XIe et XIIe siècles.

Au XIIe siècle, le peuple — et non l'Église — faisait souvent brûler les personnes coupables d'hérésie. Grégoire IX inscrivit cette coutume dans le droit canon en 1231, flattant ainsi le peuple dont il reconnaissait une coutume. Dès lors, le peuple s'enhardit et ne se contenta plus de brûler des hérétiques : les sorciers furent assimilés à des hérétiques et, eux aussi, brûlés. L'Église suivit également cette coutume, en plusieurs étapes. C'est en 1484 seulement que la bulle *Summis Desirantes Affectibus* fut signée par Innocent VIII, un pape sans grande morale, mais prêt à tout pour maintenir la pureté de la foi. S'il écrivit cette bulle, c'est tout simplement parce qu'il avait été effrayé — et abusé — par un rapport que lui avaient envoyé de Bavière les dominicains Institoris et Sprenger, les auteurs du fameux *Maillet des Sorcières*.

La chasse aux sorciers et aux sorcières fut donc ouverte; et cette chasse créa, en quelque sorte, le gibier...

De partout surgirent des gens influençables et des déséquilibrés qui se persuadèrent ou se vantèrent d'avoir eu commerce avec Maître Léonard.

À mesure que le temps passa, le mythe s'amplifia. Les confessions des malheureux qui furent livrés à la torture étant prises au sérieux, on crut que l'univers onirique qu'ils dépeignaient existait vraiment. On se persuada dès lors de la réalité des possessions démoniaques, des sabbats, des mauvais sorts, etc. On crut que le diable et les démons de l'enfer avaient des relations sexuelles avec des hommes, des femmes et même, quelle horreur, avec des nonnes! Dans quelques couvents précisément, des nonnes accusèrent leurs confesseurs des pires sévices et des plus infâmes turpitudes. Le ciel lui-même se peupla de créatures chimériques : diables, boucs, sorcières montées sur des balais, fées, etc.

Les tortures continuèrent donc de plus belle, certains inquisiteurs usant de celles-ci pour satisfaire leurs penchants sadiques et leurs obsessions sexuelles.

Au milieu de toutes ces agitations, des gens cultivés restaient sceptiques ou dénonçaient carrément une erreur monstrueuse. Ambroise Paré signala que le *mal incubus* était tout simplement provoqué par une digestion difficile, la nuit, après un repas trop copieusement arrosé de vin. Paré fut suivi bientôt par les Jésuites qui élevèrent la voix pour critiquer les procès de sorcellerie et pour dépeindre les prétendus sabbats comme autant d'illusions engendrées par une imagination débridée ou des cerveaux malades.

On savait dès le XIXe siècle que sorciers et sorcières utilisaient des onguents qui contenaient plusieurs substances hallucinogènes et narcotiques : opium, jusquiane, belladone... Leurs délires à forte prédominance sexuelle résultaient simplement des croyances, des mentalités et des mœurs de l'époque. La sexualité, alors, était particulièrement débridée et s'étalait aux yeux de tous quotidiennement, enfants et prêtres allant jusqu'à participer sans vergogne à des cérémonies orgiaques au moment du carnaval. Il en fallait donc beaucoup pour titiller l'imagination érotique de nos ancêtres! Les récits de sabbats peuvent donc être considérés comme autant de fantasmes sexuels qu'il convient de situer dans un contexte culturel précis. Les sorcières enduisaient leur balai d'un onguent qui, mis en contact avec les muqueuses génitales, passait rapidement dans le sang. À la longue, ces muqueuses étaient rendues insensibles, d'où ces "marques" d'insensibilité que cherchaient les inquisiteurs pour démontrer qu'une personne se livrait aux pratiques magiques. Ces choses sont parfaitement connues des historiens, mais pas des chercheurs parallèles dont certains ont cru découvrir dans le balai des sorcières une sorte de moteur à réaction!

Hélas, il se trouve encore aujourd'hui des passionnés d'occultisme qui prennent au sérieux les sabbats, les messes noires, les possessions, les cercles magiques et les égrégores. Ils continuent à écrire des livres sur ces sujets et des gens continuent à les acheter... [1]

Tragiques exorcismes modernes

En 1976, en Bavière, patrie-mère de la folie inquisitoriale, mourut une jeune fille de vingt-trois ans qui ne pesait plus que vingt-trois kilos. L'ayant crue possédée, ses parents l'avaient confiée à deux prêtres catholiques qui l'avaient mise à la diète et

1. TURMEL (J.), *Histoire du diable*, Paris, Rieder, 1931, p. 189-190 et 254-259; CHRISTINGER (R.), *Le voyage dans l'imaginaire*, Lausanne, Mont Blanc, 1971, p. 49-65; STAQUET (W.), *Quand le diable vivait en Wallonie*, chez l'auteur, s.d., p. 93; CABANES (D[r]), *Mœurs intimes du passé, 3e série*, Paris, Albin Michel, s.d., p. 93; PARÉ (A.), *Des monstres, des prodiges, des voyages*, Paris, Liv. club du Libr., 1964, p. 259.

avaient pratiqué devant elle les exorcismes les plus ahurissants. Ces deux prêtres en étaient certains : la jeune fille — qui était seulement épileptique — était possédée par les démons de Hitler, Néron et Judas. Pas moins ! Ce calvaire avait duré neuf mois. Neuf mois durant lesquels les exorcismes s'étaient succédé. Neuf mois pendant lesquels, peu à peu, la raison de la jeune femme avait chaviré. Jugés, ces deux prêtres ne furent condamnés qu'à six mois de prison.[1]

En 1975, dans le Yorkshire, rendu fou par une cérémonie d'exorcisme qui avait été pratiquée sur lui pendant six heures, un brave homme rentra chez lui dans un état d'hallucination et arracha de ses propres mains les yeux et la langue de sa femme qu'il aimait tendrement. Puis il l'étrangla. Il tua encore un chien avant d'être arrêté et conduit à l'asile psychiatrique où il retrouva peu à peu la raison pour apprendre l'horreur de son geste qui le désespéra. Jugé, ce père de cinq enfants ne fut pas condamné. On reconnut qu'il était totalement irresponsable. Son père déclara, plein de bon sens, que les deux prêtres qui avaient poussé son fils à un tel acte de folie devraient être poursuivis et défroqués. La justice des hommes ne les poursuivit pas. Quant à leur évêque, après les avoir entendus, il leur renouvela toute sa confiance ![2]

Le 27 mai 1985, à Merlebach, en Moselle, un frère et une sœur (trente-et-un et trente-six ans) mirent le feu à la literie de leur père, un invalide grabataire de septante-et-un ans, pour l'exorciser. Estimant qu'il était possédé, ils éteignirent les flammes en aspergeant le lit d'eau bénite, puis s'en furent chanter à tue-tête des cantiques dans la rue jusqu'à deux heures du matin. Pendant ce temps, le feu mal éteint avait repris dans le matelas et le vieillard, brûlé au troisième degré dans le dos, se cassa le col du fémur en tombant du lit pour échapper à son supplice. Il fut découvert ainsi par la police appelée par les voisins que tout ce chahut avait fini par incommoder. Le malheureux vieillard agonisa durant une semaine avant de succomber[3].

---

1. *La Meuse-La Lanterne*, Liège, 4 avril 1978, 29 avril 1978, 22 avril 1978, 31 mars 1978, 1 avril 1978 et 10 août 1976.
2. *La Meuse- La Lanterne*, Liège, 27 mars 1975, 28 mars 1975 et 4 avril 1975.
3. *Bulletin de l'A.F.I.S.*, Paris, n° 156, juillet-août 1985, p. 13.

LA TÉLÉPATHIE ET SES DÉRIVÉS

Beaucoup de bruit pour rien...

La magie et la sorcellerie, toujours vivaces dans nos campagnes et même dans nos villes, supposent l'influence mentale à distance, c'est-à-dire la télépathie et ses dérivés.

Tout le monde sait — ou croit savoir — ce qu'est (!) la télépathie. Ne dit-on pas, bien souvent, en présence d'une coïncidence banale, " c'est de la télépathie " ? S'il est un phénomène non prouvé auquel énormément de gens croient dur comme fer, c'est bien celui-là. Un sondage effectué auprès d'un grand nombre de scientifiques américains a montré que seize pour cent d'entre eux considéraient la télépathie comme *un fait*. Chiffre étonnant, pour ne pas dire alarmant. Mais voici mieux : la moitié des deux mille cent scientifiques interrogés estimaient que la télépathie était chose vraisemblable. Voilà, déjà, un début de *croyance* largement répandue. Est-ce là une illustration de l'esprit scientifique? Est-il rassurant, malgré tout, de constater que la croyance en la télépathie ou en sa vraisemblance était beaucoup plus faible parmi les sociologues et les spécialistes en sciences naturelles? Même pas, car enfin, il n'aurait plus manqué qu'on constate le contraire! N'est-ce pas ces spécialistes qui, justement, sont les mieux placés pour juger scientifiquement de cette question? Et n'est-il pas dramatique de constater que les autres, chimistes, physiciens, etc., osaient donner une opinion sur un phénomène pour lequel ils n'ont aucune compétence?[1]

Alexis Carrel souligna jadis le danger : "[que] de grands

1. *Science et Vie*, Paris, mars 1980, p. 78.

hommes, en enseignant des choses qu'ils ignorent, retardent, dans un de ses domaines, le progrès humain auquel ils ont contribué dans un autre. "[1]

Disons-le tout net : il n'existe pas la moindre preuve scientifique en faveur de la télépathie !

Ce ne sont pourtant pas les tentatives qui ont manqué. À commencer par les expériences statistiques de Rhine dont nous parlerons plus loin. Cependant, jamais on n'a pu déceler la moindre " onde télépathique " et encore moins mettre au point un récepteur de telles ondes. Les créatures vivantes émettent certes divers types d'ondes connues comme par exemple les rayons UV ou IR. On a découvert, il y a une dizaine d'années, que certains animaux et même l'homme émettent des micro-ondes. Mais tout ceci n'a strictement aucun rapport avec d'hypothétiques ondes télépathiques pour lesquelles *il n'y a d'ailleurs plus place* dans le spectre électromagnétique *que l'on a balayé sur toute son étendue.*[2]

L'expérience du Nautilus

Il faut faire un sort également à cette légende selon laquelle des expériences de télépathie ultrasecrètes auraient été effectuées entre le continent et le sous-marin Nautilus sous les glaces du pôle. Il s'agissait là d'une plaisanterie concoctée par le commandant Cousteau et ses amis. Les ouvrages de parapsychologie récents ne mentionnent plus cette " preuve ", mais leurs prédécesseurs étaient beaucoup moins discrets.[3]

Astronautes et télépathie

De même, il faut en finir une bonne fois pour toutes avec cette affirmation cent fois répétées selon laquelle la N.A.S.A. fit faire des expériences de télépathie par ses astronautes. La vérité est que

1. CARREL (A.), *L'homme cet Inconnu*, Paris, Plon, 1935, p. 71.
2. *New Scientist*, London, January 30, 1975, p. 271.
3. *Science et Vie*, Paris, mai 1964, p. 32, et avril 1976, p. 72.

l'astronaute Edgar Mitchell fit de telles expériences pour son compte personnel. Cet homme qui dirigea un groupe de parapsychologie et qui se ridiculisa en cautionnant Uri Geller (voir plus loin) fit ses expériences pendant ses moments de loisir à bord d'une capsule Apollo. Ce faisant, il ne travailla jamais sur ordre de la N.A.S.A. Les parapsychologues prirent aussi à témoin l'U.R.S.S. affirmant sans la moindre preuve que, là-bas, les cosmonautes étaient entraînés à la télépathie pour pouvoir plus facilement communiquer avec les extraterrestres s'ils en rencontraient.

Les traités du docteur Osty et du professeur Richet

Bien que nullement prouvée, la télépathie a fourni le sujet d'un nombre incalculable d'articles et de livres. Épinglons dans ce florilège le très célèbre livre du Dr Osty pompeusement intitulé *La Connaissance supra-normale. Étude expérimentale.* Cet ouvrage fut publié chez Alcan en 1923. En guise d'étude expérimentale, le Dr Osty ne proposait rien d'autre qu'un ramassis inouï de sornettes et d'absurdités. Il y en avait près de quatre cents pages ! Encore ceci n'est-il rien à côté du monumental (par le volume !) *Traité de Métapsychique* dont le grand physiologiste Charles Richet accoucha en 1922 et dont il crut bon de proposer une version entièrement refondue dès 1923.

Marcel Boll, grand spécialiste des calculs statistiques, a pêché dans cet ouvrage un morceau de choix qu'il a critiqué avec beaucoup de verve. Nous lui cédons la plume :

“ À titre d'exemple, citons textuellement un passage de Charles Richet, qui nous fait toucher du doigt les fantaisies dont est capable un savant par ailleurs éminent : « Je dis à M. D... très sceptique, qui n'assistait pas à ces expériences : ‘Pensez un nom quelconque, que ce soit un personnage historique ou un inconnu, nous le trouverons par la table et je vous le dirai demain.’ La réponse a été FNTBT. Si l'on prend la lettre précédente (ce qu'on est parfaitement autorisé (!) à faire), on a EMSAS. Or le nom pensé par M. D... était CÉSAR ou (?) COESAR. Sur cinq lettres, il y a donc, avec la probabilité de 1/25, deux de bonnes, soit comme probabilité totale, d'après la formule citée plus haut, environ 1/42, ce qui est peu. Mais, en réalité, il y en a beaucoup plus. Car c'est un mot de cinq lettres répondant à un mot de cinq lettres, soit une probabilité de 1/7 environ d'avoir cinq lettres. Alors cela devient 1/294. C'est même plus encore, car, si la table retardait (?) la réponse, la dernière lettre R a été indiquée comme S, la première C a été indiquée avec un retard un peu plus grand, et alors, on a DMSAR, ce qui se rapproche passablement de COESAR. » "

Et Marcel Boll de conclure :

" Ce rapport soi-disant scientifique ne dit pas si l'auteur — qui parle de probabilités comme un aveugle des couleurs — est arrivé tout seul à tirer COESAR de FNTBT; sans doute, ces belles déductions ont été édifiées pour les besoins de la cause (métapsychique). En lisant ce texte, on croit rêver. Ou plutôt, non : on songe à cet étymologiste facétieux qui faisait dériver CHEVAL de EQUUS, en changeant E en CHE et QUUS en VAL. Comme COESAR et FNTBT, ce sont bien des mots de six et cinq lettres qui se correspondent. Bien plus, dans le deuxième exemple, il y a deux lettres qui sont exactes, presque sans coup de pouce, en tenant uniquement compte de ce fait que les Romains écrivaient V au lieu de U. "[1]

Dans son livre intitulé *La Plaisanterie des animaux calculateurs*, Paul Heuzé a montré à quel point de croyances absurdes Charles Richet était arrivé dès lors qu'il s'était penché sur la métapsychique. L'illustre physiologiste avait en effet bel et bien cru que des chiens et des chevaux étaient capables d'abstractions mathématiques au même titre que les hommes.

Bergson et la métapsychique

Pour ceux qui l'ignorent, il faut préciser que Bergson s'intéressa beaucoup aux phénomènes métapsychiques. Mais il s'y intéressa seulement de loin, n'expérimentant jamais.

1. BOLL (M.), *Quelques sciences captivantes*, Paris, Sagittaire, 1941, p. 152-153.

Soucieuse de se choisir un président prestigieux, la Society for Psychical Research de Londres s'adressa à Bergson, c'est-à-dire à un homme qui n'avait aucune expérience directe des phénomènes réputés métapsychiques. Le philosophe se trouva très honoré, mais assez embarrassé d'avoir été choisi. Voici un extrait du discours d'investiture à la présidence de la S.P.R. qu'il prononça :

"Laissez-moi d'abord vous dire combien je vous suis reconnaissant de l'honneur que vous m'avez fait en m'appelant à la présidence de votre Société. Cet honneur, je ne l'ai malheureusement pas mérité. Je ne connais que par des lectures les phénomènes dont la Société s'occupe; je n'ai rien vu, rien observé moi-même. Comment donc avez-vous pu me faire succéder aux hommes éminents qui tour à tour s'assirent à cette place et qui s'étaient tous adonnés aux mêmes études que vous ?"

À peine croyable, non ? Mais la suite n'est pas moins instructive :

"Je soupçonne qu'il y a eu ici un effet de « clairvoyance » ou de « télépathie », que vous avez senti de loin l'intérêt que je prenais à vos investigations, et que vous m'avez aperçu, à quatre cents kilomètres de distance, lisant attentivement vos comptes rendus, suivant vos travaux avec une ardente curiosité." [1]

De la métapsychique à la parapsychologie

Il ne nous est évidemment pas possible d'étudier en profondeur chacune des prétentions des métapsychistes rebaptisés, pour faire plus sérieux, "parapsychologues".

À ceux qui voudraient avoir une bonne idée de l'évolution des idées folles que recouvre cette pseudo-science, nous conseillons la lecture (critique) du livre de Werner Keller intitulé *La parapsychologie ouvre le futur* paru chez Robert Laffont dans la collection "Énigmes de l'Univers" (tout un programme !).

1. BERGSON (H.), *L'énergie spirituelle*, Paris, Alcan, 1930, p. 65.

À présent, parcourons, à grandes enjambées, le monde baroque de la parapsychologie moderne...

Uri Geller et ses émules

Uri Geller, vous vous souvenez ? C'était ce jeune Israélien aux yeux perçants, toujours très agité, qui prétendait plier des clefs et des fourchettes rien qu'en les regardant. C'est lui aussi — à en croire des milliers de témoins qui observèrent le phénomène de leurs propres yeux ! — qui pouvait arrêter une horloge ou faire remarcher la montre du grand-père oubliée dans un tiroir, par le seul pouvoir de sa pensée transmise par le canal des ondes radios de n'importe quelle station du monde.

Que de témoins honnêtes, impartiaux et qui se croyaient compétents assurèrent qu'il n'y avait dans toutes ces merveilles aucun trucage possible ! Et pourtant...

C'est à la fin de l'année 1973 qu'Uri Geller attira pour la première fois l'attention de la grande presse. À Londres, on l'avait vu en compagnie du professeur Taylor et du Dr Lyall Watson occupé à plier une fourchette rien qu'en se concentrant sur elle. Taylor et Watson étaient convaincus, comme une bonne partie des téléspectateurs, que tout trucage était impossible.

En octobre 1974, la prestigieuse revue scientifique *Nature* publia le compte rendu des expériences que MM. Targ et Puthoff avaient conduites pour tester les pouvoirs de M. Geller au non moins prestigieux Stanford Research Institute.

Targ et Puthoff paraissaient convaincus. Du moins, s'ils ne l'étaient pas, cela ne transpirait nulle part dans leur rapport.

Pour Geller, ce fut l'aubaine, la chance inespérée. Deux gogos qu'il avait bernés lui amenaient, sur un plateau, la reconnaissance scientifique de ses pouvoirs ! Car ainsi sont faits les chercheurs parallèles : ils clament toujours que la science est la citadelle de la censure ou de l'ignorance ; mais ils cherchent toujours à obtenir d'elle leurs lettres de noblesse. Geller venait de réussir ce tour de force : nul, désormais, n'oserait mettre en doute ses "pouvoirs psychiques".

Geller et ses dupes se montrèrent partout, multiplièrent les conférences et surtout les démonstrations improvisées. La fièvre s'empara de quelques malheureux scientifiques qui en quelques instants jetèrent aux orties toutes leurs certitudes patiemment et durement acquises. Ils rompirent avec le réel et suivirent Geller comme des moutons. En France, le célèbre vulgarisateur scientifique Albert Ducrocq crut avoir *lui-même* plié une petite cuillère par la seule force de sa pensée. Il était alors en compagnie de Geller auquel il s'était rallié avec une promptitude extraordinaire, comme d'ailleurs le professeur Rémy Chauvin.

Pierre Bellemarre monta alors un canular avec un comédien amateur. Un premier avril, il réussit à faire sauter le standard téléphonique d'Europe 1 : des milliers de gens voulurent en effet témoigner qu'ils avaient constaté d'étranges phénomènes chez eux tandis que le (faux) mage se "concentrait" dans les studios de la radio périphérique. Pierre Bellemarre fit là une remarquable démonstration par l'absurde que certaines des prétendues "démonstrations" de Geller ne méritaient pas d'emporter la conviction.

Aux États-Unis, James Randi, un prestidigitateur professionnel, se démenait comme un beau diable, multipliant lui aussi les interviews et les démonstrations pour prouver que Geller truquait à tous les coups. Randi magnétoscopait les démonstrations de Geller puis montrait à des journalistes quand et comment il avait truqué. Lentement, Randi renversa le courant d'opinion favorable à la nouvelle star de la parapsychologie que l'on oublia peu à peu.

Geller publia ses mémoires et son mentor, Andrija Puharich, rédigea sa biographie. On apprit ainsi que Geller était depuis longtemps en contact avec les extraterrestres et que c'était d'eux qu'il tenait ses "pouvoirs".

Geller prétendit qu'il pouvait déplacer des objets sur des grandes distances, même jusque sur la Lune. Sentant que le ridicule le menaçait, l'astronaute Mitchell, dont nous parlions plus haut, prit alors ses distances par rapport au jeune hâbleur.

Un jour, Geller commit une erreur fatale. Il avait pris pour habitude de montrer qu'il savait se prendre en photo avec un appareil dont l'objectif était muni de son bouchon. Procédant comme à l'accoutumée, il effectua sa démonstration en oubliant de vérifier un détail important...

Une fois développée, la photo révéla l'image de Geller ainsi qu'un rond noir tenu du bout des doigts. Cela prouva que Geller se contentait d'ôter un instant le bouchon de l'objectif, l'écartait légèrement et appuyait sur le déclencheur. Avec un objectif de 50 mm le bouchon restait invisible; mais cette fois-là, par hasard, c'était un objectif grand-angulaire qui avait été monté sur l'appareil. Démasqué une fois de plus, Geller ne put s'expliquer. La revue scientifique *New Scientist* publia ce document accablant parmi d'autres.

Geller fit pourtant des émules...

En France, par exemple, en la personne d'un prestidigitateur qui fut assez vite démasqué; mais en Angleterre surtout où ce furent des enfants qui roulèrent sur toute la ligne le professeur Hasted.

Hasted n'était rien moins que le directeur du Département de Physique de l'Université de Londres. Durant des mois, il contrôla une série de bambins qui, devant lui, tordaient des trombones enfermés dans des globes de verre fragiles n'ayant qu'une petite ouverture. Le trucage était impossible répétait, très satisfait de lui-même, le bon professeur Hasted. Hélas! des enregistrements vidéos pris à l'insu des enfants montrèrent qu'ils trichaient.

Hasted ne s'avoua pas vaincu. Il voulait croire et croire encore.

De son côté, le professeur Taylor qui avait été un chaud partisan de Geller dut pourtant reconnaître qu'il s'était trompé, et lourdement encore. En novembre 1978, *Nature* publia un long article cosigné par lui, où était expliqué, par le menu, le protocole d'expérimentation auquel des sujets "psi" avaient été soumis. Ce protocole avait été rigoureusement mis au point... si rigoureusement, cette fois, qu'aucune "manifestation psi" n'avait pu être "mise en évidence".

Taylor reconnut courageusement qu'il avait fait fausse route; mais d'autres, plus têtus, le traitèrent comme un paria et poursuivirent avec toujours autant de succès qu'auparavant (!) leurs "recherches".[1]

Feu le professeur Rhine

La parapsychologie moderne eut longtemps comme figure de proue le Dr J.B. Rhine qui dirigea, à partir de 1940, le laboratoire de parapsychologie de la Duke University. C'est là qu'il réalisa des millions de tests pour prouver, statistiquement, l'existence de la télépathie.

Depuis longtemps, pour ne pas dire depuis toujours, des mathématiciens dont le célèbre chroniqueur du *Scientific American*, Martin Gardner, avaient dénoncé ses travaux statistiques. Mais c'est seulement en 1974 que les choses se gâtèrent vraiment...

Cette année-là, le nouveau directeur de l'institut de Rhine, un certain Levy, âgé de vingt-six ans, démissionna après avoir été convaincu de fraude expérimentale destinée à valider les thèses de son prédécesseur. Levy avait tout simplement trafiqué les résultats expérimentaux! Rhine, qui était alors à la retraite, se contenta de commenter que là où Levy n'avait pas truqué, il y avait tout de même des évidences statistiques en faveur de la télépathie.

En 1979, nouveau coup de théâtre : les recherches de Soal, "le Rhine britannique", furent complètement réduites à néant par une investigation sur ordinateur. Or, selon Rhine lui-même, Soal était un chercheur brillant dont les travaux s'étaient le plus rapprochés des siens.

---

1. PUHARICH (A.), *Uri Geller*, Paris, J'ai lu, 1976; *Science et Vie*, Paris, janvier 1979, p. 69, janvier 1981, p. 76-80, février 1976, p. 67; *New Scientist*, London, October 17, 1974, p. 170-185, October 31, 1974, p. 314 et 356-357, November 7, 1974, p. 379 et 443-444, November 14, 1974, p. 523-524, November 28, 1974, p. 680-682, December 5, 1974, p. 772, December 12, 1974, p. 838-839.

Rhine décéda en avril 1980, assez tôt pour ne pas voir ses propres travaux réduits en miettes par le professeur Hansel qui, ayant tout repris à zéro et étant allé visiter personnellement le laboratoire de Rhine, comprit que ce dernier n'était qu'un naïf que des astucieux avaient roulé de diverses façons. Une conclusion crue et méchante serait de dire qu'en fait de preuve, Rhine ne réussit qu'à démontrer son incompétence et sa naïveté. Et cela l'occupa pendant quarante ans !

L'expérience Alpha

En 1979, grâce à un don de cinq cent mille dollars, un laboratoire de parapsychologie fut créé à l'Université Washington de Saint-Louis dans le Missouri. Peter Phillips, un professeur de physique, en fut nommé directeur. Durant trois ans, sans le savoir, il travailla avec deux "sujets psi" qui n'étaient autres que des illusionnistes opérant pour le compte du trop connu James Randi. Durant trois ans, ces deux mystificateurs professionnels menèrent les parapsychologues en blouse blanche par le bout du nez, leur faisant croire à peu près n'importe quoi. Sur décision de Randi, un beau jour, ils dévoilèrent publiquement le pot aux roses.

Pour la première fois, il fut ainsi démontré expérimentalement que des chercheurs scientifiques sont totalement désarmés en présence d'illusionnistes. Habitués à ce que la nature qu'ils étudient quotidiennement sous tous ses aspects ne ment jamais, des chercheurs scientifiques témoignent dès lors d'une candeur extraordinaire à l'égard des procédés de mystification.[1]

Voir avec la peau des fesses

En parapsychologie, tout est possible, tout est crédible, même la vision par les pieds ou les fesses !

---

1. GARDNER (M.), *Les magiciens démasqués*, p. 343-361; *Science et Vie*, Paris, mars 1975, p. 75, avril 1976, p. 74, août 1980, p. 16-25 et 154, janvier 1984, p. 8-11 et 153; *Scientific American*, New York, January 1976, p. 6-8.

C'est le Dr Farigoule, plus connu sous le nom de Jules Romains, de l'Académie française, qui inventa le terme de “vision paroptique” pour désigner la possibilité qu'avaient certains individus de voir autrement qu'avec les yeux.

Ridicule ? Évidemment. Et pourtant, beaucoup y ont cru et y croient encore.

Quand Jules Romains publia ses travaux sur ce sujet, on crut à une plaisanterie de sa part. Le romancier bien connu avait en effet une prédisposition pour les canulars. Mais cette fois il était sérieux. Peut-être, comme l'arroseur arrosé, avait-il été victime à son tour d'une bonne blague ?

Périodiquement, cette sottise revient au goût du jour ici et là. En 1979, par exemple, ce fut en Chine qu'on signala un gamin qui voyait... par les oreilles. La presse chinoise en parla beaucoup et il fut enfin examiné sérieusement. Aussitôt, il fut convaincu de tricherie. Mais les articles de presse avaient fait leur œuvre : partout en Chine étaient apparus des gens qui s'étaient découvert le don de lire qui du coude, qui du pied, qui de la fesse. Ce fut un véritable phénomène social ![1]

---

1. GARDNER (M.), *Les magiciens démasqués*, p. 365 ; BOLL (M.), *Quelques sciences captivantes*, Paris, Sagittaire, 1941, p. 173-174 ; HURWOOD (B.), *Strange Talents*, New York, Ace, 1967, p. 76-77 ; *Science et Vie*, Paris, mai 1964, p. 104-105, et mars 1981, p. 64.

LE FLUIDE HUMAIN

Une croyance très ancienne

Dès la plus haute Antiquité, les hommes ont cru à l'existence d'un quelconque fluide invisible pouvant émaner du corps humain.

Prêtres, sorciers et guérisseurs n'affirmaient pas autre chose à leurs ouailles et à leurs malades quand ils leur imposaient les mains pour les bénir, les exorciser ou les guérir. Diverses écoles de "sagesse" ont toujours enseigné que le corps matériel de l'homme était en quelque sorte doublé par un corps immatériel, subtil. Ce corps subtil parfois associé ou confondu avec l'âme ou la conscience passait pour être immortel, contrairement au corps physique. Nos ancêtres animistes crurent que tout était vivant, aussi chaque objet était-il censé posséder un corps subtil. Il y a là les bases de toutes sortes de croyances religieuses et magiques.

Quand vint la révolution scientifique, des hommes prisonniers des croyances ancestrales voulurent prouver le bien-fondé de celles-ci. C'est une histoire bien curieuse que celle de cette quête de preuves à propos de quelque chose dont l'existence avait simplement été postulée.

"L'œil, a dit Gustave Le Bon, n'est pas fait pour tout voir. Il trie dans l'océan des formes ce qui lui est accessible et croit que cette limite artificielle est la limite véritable. Ce que nous connaissons d'un être vivant n'est qu'une partie de sa forme réelle. Il est entouré des vapeurs qu'il exhale, des radiations de grande longueur d'onde qu'il émet constamment par suite de sa température. Si nos yeux pouvaient tout voir, un être vivant nous apparaîtrait comme un nuage aux changeants contours."[1]

Ce que l'illustre physicien décrivait là ne peut être considéré comme le corps subtil ou "aura" des occultistes et parapsychologues. Pourtant, cette identification fut proposée, en désespoir de cause, par des chercheurs parallèles.

Mais voyons plutôt comment évoluèrent les recherches dans cet étrange domaine. À tout seigneur tout honneur, nous commencerons par parler du baron Von Reichenbach qui fut un véritable pionnier...

L'Od de Reichenbach

Laissons aux bons soins du colonel de Rochas le privilège de présenter ce chercheur hors du commun...

"Reichenbach, né à Stuttgart en 1808, mourut à Leipzig en 1869. Docteur en philosophie, il se fit connaître au monde savant par ses recherches géologiques et des découvertes chimiques, telles que la paraffine et la créosote.

Esprit très net et très pratique, il ne tarda pas à porter ses efforts vers l'application des sciences à l'industrie. Avec la coopération du comte de Salm, il créa en Moravie de nombreux établissements dont la prospérité fut une source de richesse pour lui et pour le pays. Le roi de Wurtemberg le récompensa en le créant baron.

Reichenbach devenu possesseur d'immenses propriétés, réunit dans son château de Reisenberg, près de Vienne, de magnifiques collections d'histoire naturelle, dont une, celle des météorites, a été longtemps sans rivale. Il consacra la fin de sa vie à des études sur certaines radiations émises par les animaux, les végétaux, les cristaux, les aimants, et en général par toutes les substances dont les molécules présentent une orientation bien déterminée.

---

1. LE BON (G.), *L'Évolution de la matière*, Paris, Flammarion, 1919, p. 251.

Ces radiations étaient perçues seulement par quelques personnes douées d'un système nerveux particulièrement impressionnable; et elles l'étaient, avec une double polarité comme dans les phénomènes électriques, soit à l'aide du sens thermique (chaud ou froid), soit à l'aide du goût (acide ou nauséeux), soit enfin à l'aide de l'œil préalablement hyperesthésié par un long séjour dans l'obscurité (lueurs rouges ou bleues).

Reichenbach constata, en outre, qu'on trouvait ces radiations dans la lumière solaire, dans l'électricité et dans le magnétisme terrestre; qu'elles se produisaient par le frottement, par le son, par les actions chimiques, et en général par tout déplacement moléculaire.

C'est pour cela qu'il appela cette force nouvelle *Od*, d'un mot sanscrit signifiant "qui pénètre tout"."

Or, comme le disait également M. de Rochas, "la voix de Reichenbach restera sans écho dans le monde savant".

Il faut dire que tout esprit cartésien qui a parcouru les écrits que cet homme consacre à l'Od et aux "lohées" ne peut que ressentir l'impression pénible qu'il se trouve en présence du témoignage d'un chercheur qui s'est fourvoyé dans l'univers des chimères.

Alors que Reichenbach prétendait que les "sensitifs" capables de voir l'Od étaient très rares, il n'en avait pas moins découvert *cinq cents* pour réaliser ses expériences. Et quelles expériences! Afin d'effectuer ses étranges recherches, Reichenbach s'était mué en hypnotiseur et magnétiseur. Une seule fois, semble-t-il, il vit lui-même l'Od dégagée par un cristal de gypse. Illusion ? Pur produit de la suggestion mentale? Sans doute les deux...

Reichenbach décrivait ses "sensitifs" comme des êtres sujets à la peur, ressentant souvent des douleurs à la tête, ayant froid aux extrémités, évitant le jaune et dormant d'un sommeil agité. On serait tenté de croire qu'il eut affaire à une belle brochette de névrosés.

Enfermés durant de longues périodes dans le noir le plus

absolu, soumis souvent à des séances d'hypnose et de magnétisme, les " sensitifs " de Reichenbach " voyaient " ou finissaient par " voir " les " lohées " qui émanaient de toutes sortes d'objets. Sans doute certains " sensitifs " mentirent-ils pour se faire bien voir de Reichenbach ou pour lui donner satisfaction et ne pas contrarier son obsession. D'autres crurent probablement voir ou virent réellement des phénomènes lumineux car de nombreuses illusions et interprétations erronées étaient possibles pour ces gens privés longtemps de lumière. Certains virent peut-être seulement des couches d'air ascendantes par les reflets mouvants qu'elles produisent. Une telle possibilité expliquerait par exemple que certaines " lohées " décrites par Reichenbach avaient pour propriété de se courber sous l'effet du vent.[1]

Les " sensitifs " de Reichenbach purent peut-être aussi observer des phénomènes de phosphorescence ou de bioluminescence qui, à l'époque, étaient encore très mal connus.

Mais surtout, le rôle de la suggestion paraît prépondérant. Reichenbach n'était-il pas lui-même complètement suggestionné lorsqu'il remarqua que des aimants ou de simples cartes à jouer s'orientaient de différentes façons quand on les posait sur un corps nu...[2]

Des chercheurs comme sir Wiliam Barett, le Dr Luys et de Rochas lui-même emboîtèrent le pas à Reichenbach, mais tous reconnurent, comme James Baird, que la suggestion jouait le rôle prépondérant dans toutes ces expériences dont plusieurs étaient contradictoires.[3]

Comme beaucoup d'autres, Reichenbach chercha à prouver l'action à distance du " fluide humain " au moyen de fluidoscopes. Le principe de ces appareils fut toujours extrêmement simple : à savoir un objet capable d'être mis en mouvement au moindre

1. DE REICHENBACH, *Les effluves odiques*, Paris, Flammarion, s.d., p. I-II et 32; MONTANDON (R.), *Les radiations humaines*, Paris, Alcan, 1927, p. 57; DE REICHENBACH, *Lettres odiques-magnétiques*, Paris, Vigot, 1897.
2. DE REICHENBACH, *Les effluves odiques*, p. 110-113.
3. MONTANDON (R.), *Les radiations humaines*, p. 38 et 46; WILSON (C.), *L'occulte*, Paris, J'ai lu, 1976, t. 2, p. 257.

souffle ou au moindre choc, sur lequel l'influence d'un "fluide humain" hypothétique pouvait s'exercer.

Les moteurs fluidiques

Il y eut plusieurs générations de fluidoscopes. La première fut constituée de simples pendules abandonnés à l'air libre. Le souffle de l'expérimentateur suffisait à les faire mouvoir. On supprima l'action de la respiration de l'expérimentateur ou de l'observateur en enfermant ces pendules sous des cloches de verre. Ils continuèrent à se balancer au moindre choc, à la moindre vibration. On créa alors des "moteurs à fluide", à savoir de petits moulins légers qui pouvaient tourner sur un pivot avec un frottement réduit au minimum. Ces moulins enfermés sous des cloches finirent toujours par tourner sous l'influence du courant d'air qui se créait sous la cloche par l'action de la chaleur extérieure, laquelle pouvait varier avec le déplacement des mains de l'expérimentateur ou, encore une fois, son souffle. Albert de Rochas et Raoul Montandon ont dressé chacun l'historique des améliorations successives qui furent apportées à ces appareils dont aucun, en fin de compte, n'apporta la preuve de l'existence d'un "fluide humain".[1]

L'aura du docteur Kilner

En 1911 un livre signé par le Dr Kilner du St-Thoma's Hospital de Londres causa une certaine sensation. Son titre était *The Human Atmosphere.*

Kilner avait été nommé directeur du premier Département des Rayons X instauré au St-Thoma's Hospital en 1897, à une époque où cette technique était encore l'objet de vives controverses. Fasciné par cette méthode d'exploration du corps humain et

1. MONTANDON (R.), *Les radiations humaines*, p. 284-356; DE REICHENBACH, *Les effluves odiques*, chap. II in Notice Historique; AMADOU (R.), *La parapsychologie*, Paris, Denoël, 1950, p. 68-69; *Scientific American*, New York, April 1975, p. 128-130; *New Scientist*, London, 1974, December 26, p. 924.

vivement impressionné par les travaux de Reichenbach et les écrits du théosophe Leadbeater (qui proposait des planches en couleurs de l'aura humaine), Kilner avait cherché une méthode qui aurait permis à chacun de voir l'aura. Il l'avait trouvée, du moins le pensait-il, sous la forme d'un simple écran constitué par une dissolution de dicyanine dans de l'alcool.

Selon Kilner, l'aura se modifiait bien avant l'apparition d'évidents symptômes de maladie ou de modifications physiologiques. Il offrit d'ailleurs à ce sujet une multitude de croquis qui ne convainquirent pas ses collègues.

Kilner finit par renoncer à son poste pour poursuivre seul ses expériences. Quand la première guerre mondiale éclata, il ne put plus obtenir la précieuse dicyanine qui lui était nécessaire, celle-ci étant fabriquée en Allemagne. Il travailla alors à une nouvelle édition, complètement refondue, de son ouvrage. Elle parut en 1920, peu avant le décès de son auteur, survenu en juin de la même année.

D'autres chercheurs parallèles tentèrent bien entendu de substituer à la dicyanine des substances plus courantes. À l'Institut métapsychique de Buenos Aires on obtint de bons résultats avec le bleu de méthylène. Nardarov réussit de même avec l'aniline violette ou un sel de potassium.

En fait, ces écrans diversement colorés amplifiaient les contrastes et finissaient par créer une illusion colorée qui n'a rien de mystérieux. L'autosuggestion faisait le reste comme le démontra Hofmann en 1919.

Emporté par son obsession, Kilner avait fini par postuler l'existence d'un second spectre, au delà du spectre électromagnétique connu, ce qui était totalement ridicule. Mais aussi quelle absurdité que de parler des couleurs d'une radiation invisible![1]

---

1. MONTANDON (R.), *Les radiations humaines*, p. 57-59, 64-65 et 130; KELLER (W.), *La parapsychologie ouvre le futur*, Paris, Laffont, 1975, p. 309-310; KILNER (W.J.), *The aura*, London, Weiser, 1974, p. I-III.

Il n'empêche, aujourd'hui encore, on vend des écrans Kilner dans certaines boutiques spécialisées.

En 1924, M. La Flèche, qui souffrait de divers troubles de la vue, conseilla d'utiliser le verre violet des soudeurs à l'arc pour visualiser les auras. L'usage d'un tel verre provoquant rapidement une importante fatigue des yeux, il n'est pas étonnant qu'il puisse engendrer certaines illusions.[1]

Quelques sottises anciennes ou récentes

Puisque nous parlons d'écrans colorés, signalons les précisions que S. Ostrander et L. Schroeder ont reçues du chercheur russe Naumov à propos des cristaux liquides : “Si vous en recouvrez le corps humain, ils prennent des couleurs différentes. En mesurant les radiations à distance, vous pouvez mesurer les émotions d'une personne et, ce qui est plus important, déceler les maladies...”[2]

De deux choses l'une : ou les deux journalistes ont menti en rapportant ces propos, ou ce Naumov n'est pas l'homme de science qu'on dit qu'il est. Les cristaux liquides que l'on trouve dans le commerce spécialisé (y compris actuellement dans certaines pharmacies) sous forme de feuilles changeant effectivement de couleur ne réagissent pas à autre chose qu'à la température de la surface sur laquelle ils sont posés. On les utilise donc pour détecter certaines tumeurs cancéreuses. Tenter de mesurer des émotions ou autre chose du genre avec des cristaux liquides relève de la plus criante ignorance scientifique.

Les deux mêmes journalistes d'Outre-Atlantique ont également signalé le système Schlieren, capable, selon eux, de photographier l'aura. En réalité, ce système permet uniquement de visualiser les tourbillons d'air. Il est utilisé pour des applications pratiques bien définies (industrielles, militaires, etc.) et ne saurait en aucune

---

1. MONTANDON (R.), *Les radiations humaines*, p. 61-64; CREUZE (D[r]), *Rayonnements humains et détection*, Paris, Chiron, s.d., p. 131.
2. OSTRANDER (S.) et SCHROEDER (L.), *Fantastiques recherches parapsychologiques en U.R.S.S.*, Paris, Laffont, 1973, p. 195.

façon rendre visible le "fluide humain" qui est, en quelque sorte, une émanation de l'âme ou l'âme elle-même, du moins s'il faut en croire les occultistes ![1]

On peut aussi signaler les auteurs qui comme J.H. Brennan ou Carlos Castaneda proposent de recourir aux drogues et aux champignons hallucinogènes pour voir l'aura humaine ![2]

Pour visualiser l'aura, des quantités de systèmes ingénieux ou non furent proposés et tombèrent dans l'oubli. Il en est un, pourtant, qui réapparaît sans cesse dans la littérature parascientifique. S'il s'est maintenu jusqu'à ce jour, c'est sans doute parce qu'il fut et reste le plus simple...

Il s'agit là d'examiner un individu placé devant une tenture noire et en lumière atténuée. Le regard ne porte pas directement, mais en oblique, comme si l'on examinait furtivement. Dans de telles conditions, une aura est parfaitement visible. Au début, on peut l'observer fixe puis, avec un peu d'habitude, on la verra onduler, devenir de plus en plus grande, se séparer en couches successives, lancer des éclairs même... L'expérience réussit le mieux quand le sujet est nu, les vêtements constituant, dit-on, un barrage à l'aura.

L'explication de ces observations "extraordinaires" est fort complexe, mais parfaitement connue. Elle relève de la connaissance des imperfections de la vision humaine. Une expérience simple permettra de mieux comprendre ce qui se passe : il suffit de poser un carton coloré sur un support blanc et de le regarder attentivement. Après un certain temps, on ôte le carton tout en continuant à observer. On "voit" alors une tache, de la même forme que le carton, mais d'une couleur différente. Cette expérience illustre les phénomènes de persistance photorétinienne et de contrastes qui interviennent, avec d'autres, dans l'observation des

1. OSTRANDER (S.) et SCHROEDER (L.), *Nouvelles recherches sur les phénomènes psi*, Paris, Laffont, 1976, p. 162 sqq.; *Science et Vie*, Paris, mai 1985, p. 63 sqq.
2. CASTANEDA (C.), *L'herbe du diable ou la petite fumée*, Paris, Soleil Noir, 1972; BRENNAN (J.H.), *Beyond the fourth dimension*, London, Futura, 1975, p. 44.

auras, selon la méthode décrite plus haut. Si ces observations réussissent mieux lorsque le sujet est nu, c'est pour deux raisons assez évidentes : primo, le sujet observé est d'une couleur uniforme qui tranche avec le fond uniforme lui aussi, ceci augmentant l'effet de contraste (l'expérience réussit moins bien ou pas du tout si le sujet observé est de la même couleur que le fond devant lequel il se tient) ; secundo, un élément psychologique important intervient, à savoir le tabou qui pèse encore sur la nudité. L'observateur se sent psychologiquement obligé de voir quelque chose, ce qui peut provoquer une suggestion du meilleur effet.

Différentes "expériences" basées sur ces principes ont été proposées par des parapsychologues peu sérieux pour prouver l'existence de l'aura à des gens qui ne demandaient qu'à y croire. Parfois, de telles "démonstrations" furent agrémentées par certains trucages obtenus au départ de substances phosphorescentes.[1]

Remarquons que c'est ce mode d'observation que le pseudo Lama Lobsang Rampa conseilla toujours, de même que le fameux "sleeping prophet" Edgar Cayce, lequel échoua à tous les tests de Rhine, ce qui, prétendent ses admirateurs, ne veut rien dire. Et pour une fois, ils ont bien raison ![2]

Le ridicule n'a pas tué Max Heindel

Max Heindel, un astrologue qui se réclamait du rosicrucianisme antique, recommandait aussi cette méthode. Il expliqua même le phénomène de la main ou de la jambe "morte" comme trahissant un "décalage" entre le membre physique et le membre "vital", ce dernier pendant, en quelque sorte, sous le membre physique. La sensation de picotements ressentie quand le membre "se réveille" serait produite par des pointes du corps vital reprenant sa bonne place. Pour proposer une telle explication il faut ne rien savoir de la circulation du sang ni du système nerveux ![3]

---

1. TOCQUET (R.), *Les pouvoirs secrets de l'homme*, Paris, J'ai lu, 1971, p. 306-309; Mc GILL (O.), *How to produce miracles*, New York, New Amer. Libr., 1977, p. 51.
2. GARDNER (M.), *Les magiciens démasqués*, *op. cit.*, p. 250.
3. HEINDEL (M.), *Cosmogonie des Rose-Croix*, Paris, Leymarie, 1925.

Wilhelm Reich, le martyr de l'orgone

Le cas de Wilhelm Reich n'est pas moins exemplaire que celui de Reichenbach.

Né en 1897, Reich poursuivit des travaux de psychologie et de psychanalyse jusque peu avant la seconde guerre mondiale. C'est alors qu'il commença à s'intéresser à l'astronomie et à la biologie pour asseoir et étendre les bases de ses théories.

Il s'acheta un télescope et un microscope, et les utilisa sans discernement jusqu'à sombrer dans les pires fantasmes. Il s'imagina en effet qu'il avait découvert une énergie de couleur bleue (!) qu'il nomma "orgone". Grâce au microscope, il crut apercevoir des "bions", créatures apparaissant spontanément et préfigurant des êtres plus évolués comme par exemple des bactéries. Ces "bions" n'étaient probablement que de vulgaires bulles d'air dans les préparations microscopiques.

Après avoir découvert l'orgone, Reich chercha à la capter. Il y réussit au moyen de boîtes dites "accumulateurs d'orgone" qui contenaient diverses substances réputées avides d'orgones. Grâce à ces accumulateurs, Reich prétendit pouvoir guérir des malades en les rechargeant d'énergie vitale.

En 1953, il lut un livre consacré aux soucoupes volantes. Ce fut une nouvelle révélation. Il imagina en effet que les soucoupes se mouvaient au moyen de l'orgone. Aussi devint-il chasseur de soucoupes volantes. Non seulement il commença à en voir au-dessus de sa vaste propriété, mais encore, il tenta, au moyen d'une sorte de canon à orgone, d'en envoyer quelques-unes au tapis. En vain, on s'en serait douté!

C'est alors qu'il commença à avoir des ennuis avec la justice.

La Food and Drug Administration le poursuivit pour avoir commercialisé des accumulateurs d'orgone, un appareil qui n'avait nullement été autorisé par elle. En vertu des lois très strictes en la matière, la F.D.A. fit non seulement incarcérer Reich, mais obtint le droit de faire brûler tous les documents traitant de cet appareil ou de son principe. On brûla donc les livres de Wilhelm Reich. Cette sanction qui dépassait de loin la gravité de la faute fut évidemment interprétée par Reich et ses disciples comme une preuve formelle qu'on cherchait à étouffer des découvertes qui auraient révolutionné le monde. Ces événements achevèrent d'enfermer Reich et ses disciples dans un délire essentiellement paranoïaque dont ils ne sortirent plus. Ainsi que l'a écrit son biographe M. Cartier : "Dix ans de conflits aboutissant à son exclusion du parti [communiste] et de l'Association de Psychanalyse, ont fait de Reich un paranoïaque. Son caractère difficile, ses réactions violentes, lui aliénèrent les sympathies dont il aurait pu bénéficier. Dès lors, Reich fut happé dans un cercle vicieux : plus il devenait intraitable et moins les gens avaient envie de le fréquenter, ce qui augmentait sa solitude et son amertume. Dans un passage de son autobiographie *People in Trouble*, il laissa échapper ce cri : « En quelques mois, dit-il, j'ai perdu tous mes amis. »"[1]

Incarcéré en mars 1957, Reich mourut dans sa cellule, fou de rage et de désespoir, au mois de novembre de la même année. Une mort que ses disciples ne pouvaient manquer de trouver très suspecte...

Aujourd'hui encore, les disciples de Reich poursuivent leurs chimères et les enseignent. La bioénergie et l'orgonomie remportent toujours un certain succès auprès d'étudiants en psychologie ou de curieux à la recherche "d'autre chose". Quant aux livres de Reich, fortement teintés de pansexualisme freudien, ils ont été réédités peu à peu par de très sérieuses maisons d'édition (Payot en France). Leur lecture fait éclater, à chaque page, l'absence totale de rigueur scientifique de l'auteur.[2]

---

1. CARTIER (M.), *Ce que Reich a vraiment dit*, Verviers, Marabout, 1974, p. 195-196.
2. GARDNER (M.), *Les magiciens démasqués*, p. 286-300; TANSLEY (D.), *Omens of awareness*, London, Abacus, 1979, p. 115-120; EVANS (C.), *Cults of unreason*, London, Panther, 1974, p. 212-217.

Le suicide du physicien Blondlot

Tout ceci rappelle un épisode de l'histoire des sciences qui est bien connu et que nous ne ferons que résumer.

En 1903, le physicien français Blondlot, de l'Université de Nancy, annonça avoir découvert un nouveau rayonnement qu'il baptisa “N”. Ces rayons N semblaient être émis par les êtres vivants. Robert Wood, qui assistait un jour à une démonstration expérimentale organisée par Blondlot, retira discrètement une des pièces principales de l'appareillage utilisé par le physicien français. Ce dernier continua comme si de rien n'était et obtint les mêmes résultats qu'à l'accoutumée. Quand il apprit à quelle sorte de vérification s'était livré Wood, Blondlot sombra dans le désespoir. S'estimant déshonoré, il se suicida.

Cette histoire tragique ne s'arrête pas là.

Durant plusieurs mois, en effet, d'autres scientifiques s'étaient enthousiasmés pour les rayons N. Ils avaient répété les expériences de Blondlot et, victimes d'une véritable suggestion collective, avaient obtenu les mêmes succès ! La vérification de Robert Wood et le suicide de Blondlot les consternèrent au delà de tout ce qu'on peut imaginer.

Même les métapsychistes et les parapsychologues ont, pour la plupart, reconnu l'erreur de Blondlot. Hector Durville, célèbre métapsychiste français, ne la reconnut pourtant pas.[1]

Photographies de fluide vital

Fixer sur la pellicule photographique le fluide vital fut le rêve de tous les métapsychistes lorsque la technique photographique naquit.

Dès 1883, le commandant Darget proposa des photographies des rayons V (comme vitaux). Pour ce faire, il utilisait une plaque

1. *La Recherche*, Paris, décembre 1978, p. 1092 à 1101.

sensible enveloppée dans un papier journal et du papier noir, puis la posait sur le front d'un individu pendant plusieurs heures. Les rayons V finissaient par traverser le papier noir et imprimaient le texte du journal sur le cliché. MM. de Fontenay, Warcollier et de Saint Albin qui refirent ces expériences conclurent qu'il s'agissait d'une simple réaction chimique due à la transpiration.[1]

En 1897, le Dr Luys présenta sa première photographie de fluide vital émanant de l'extrémité des doigts d'une main. Pour arriver à ce résultat, il avait simplement posé ses doigts du côté de la gélatine d'une plaque de gélatinobromure d'argent placée dans un bain d'hydroquinone.

La chaleur des doigts qui provoquait dans le bain des courants de convection et des réactions chimiques parasites expliquait évidemment ces photographies. On le démontra, mais on poursuivit pourtant des expériences de ce genre en tentant d'éliminer chaleur et réactions chimiques parasites. Il existe à ce sujet toute une littérature qui montre à quel point peuvent être inconséquents et têtus des chercheurs qui poursuivent une chimère. Ainsi, par exemple, M. Majewski crut pouvoir éliminer l'action de la chaleur en portant le bain à une température constante de trente-neuf degrés. Son raisonnement n'avait qu'une faille : les doigts produisirent alors un refroidissement local qui engendrait aussi des courants de convection!

À l'époque, bien sûr, les plaques photographiques étaient encore peu sensibles et les bains étaient longs. Le fluide humain étant supposé très faible, on augmentait prodigieusement les temps de pose et la durée des bains révélateurs. Des réactions chimiques tout à fait anormales et impossibles à contrôler se produisaient alors. Aussi, toutes ces anciennes photographies du fluide humain ne présentent-elles, généralement, que des structures sans intérêt.

Deux coups terribles furent portés à toutes ces expériences : la photo d'un "fluide vital" s'échappant d'une main de cadavre artificiellement réchauffée et la photo de "fluide vital" entourant

1. MONTANDON (R.), *Les radiations humaines*, p. 163-165.

un tuyau parcouru par un courant d'eau chaude. Ces expériences dues au Dr Menager furent publiées en 1926. Elles sonnèrent le glas de toutes les tentatives du genre.[1]

D'autres chercheurs tentèrent alors d'obtenir des résultats définitifs par " la voie sèche ". Citons, par exemple, le Dr Leprince qui obtint des résultats que personne d'autre ne put reproduire et qui prétendait s'être contenté de travailler en lumière rouge et d'avoir augmenté la durée du développement.[2]

Les détecteurs de fluide vital

À défaut d'être capables d'apercevoir ou de visualiser l'aura, des chercheurs tentèrent de la mesurer au moyen d'appareils parfois très sophistiqués dont pendules et " moteurs psychiques " ne furent que les premiers essais. On inventa une quantité inouïe d'appareils censés capter et mesurer l'énergie psychique. En fait, tous, y compris les plus récents et ceux dont on a le plus parlé comme le fameux détecteur électronique d'Abrams, le radiobiomètre de Leprince ou encore le détecteur de René Hardy, ne mesurèrent jamais l'aura humaine ou le " champ bioplasmique ". Ils étaient simplement influencés par des choses aussi diverses que l'ionisation, l'induction, la capacité (électrique) du corps humain, voire même la chaleur. La démonstration en fut plusieurs fois faites, notamment par le Dr Dingwall qui voua une grande partie de sa vie à la parapsychologie avant de reconnaître, à la surprise de ses admirateurs et de ses collègues, que toutes ses études ne l'avaient nullement convaincu.[3]

Les curieux trouveront dans le livre du Dr Creuzé intitulé *Rayonnements humains et détection* paru, sans date, aux éditions

---

1. MONTANDON (R.), *Les radiations humaines*, p. 165-170; AMADOU (R.), *La parapsychologie*, Paris, Denoël, 1954, p. 68; TOCQUET (R.), *Les mystères du surnaturel*, Paris, J'ai lu, 1971, p. 84-86.
2. LEPRINCE (A.), *Énergie psychique et magiciens modernes*, Paris, Dangles, 1964.
3. TOCQUET (R.), *Quand la médecine se tait*, Paris, Denoël, 1954, p. 201-202; ROSTAND (J.), *La vie et ses problèmes*, Paris, Flammarion, 1939, p. 79-80; *Les Cahiers rationalistes*, Paris, mars 1976, n° 322, p. 168 sqq.

Chiron à Paris, la description minutieuse d'un grand nombre d'appareils inutiles de ce genre.

Quel musée insolite et fantastique on aurait si l'on pouvait réunir tous ces appareils avec ceux qui furent construits, plus récemment, pour détecter les fantômes, les ondes telluriques et même les soucoupes volantes!

Mais voici encore une autre sorte d'appareil curieux...

Les auras Kirlian

À la suite de la parution du premier livre de Sheila Ostrander et Lynn Schroeder, publié en français chez Laffont sous le titre accrocheur de *Fantastiques recherches parapsychologiques en U.R.S.S.*, on a énormément parlé, il y a quelques années, des appareils Kirlian et des étonnantes photographies qu'ils permettaient d'obtenir.

Le procédé Kirlian, assez simple sur le plan pratique, consistait à photographier des objets de toutes sortes reliés à un générateur de courant haute fréquence.

On n'a pas assez dit et écrit que les Kirlian ne firent que redécouvrir un procédé qui avait été expérimenté bien longtemps avant eux par des chercheurs illustres tels que Tesla, Stephane Leduc, Gustave Le Bon, l'astronome Trouvelot et même des métapsychistes comme Baraduc ou Narkewicq Iodko.

On n'a pas davantage insisté sur le fait patent que les Kirlian n'avaient point prétendu photographier l'aura, mais avaient seulement parlé d'une méthode pour : "*The convention of non electrical properties of the object being photographed into electrical ones with a direct transfer of charges from the object to the photographic plate.*" Cela valait la peine d'être cité tel quel.

De quelles énormes lacunes, donc, la prose pseudo-scientifique nous submergea-t-elle à propos des photos Kirlian!

Et surtout, quelles exagérations! On parla en effet de l'œuvre "magistrale", pénétrante et parfois même presque "surhumaine" des Kirlian et l'on osa suggérer d'envoyer un appareil Kirlian sur Mars pour voir s'il y découvrirait des traces de vie sous la forme de champs bioplasmiques.[1]

Chacun se souviendra sans doute que les photographies Kirlian montraient autour des objets les plus divers, ainsi que sur leurs surfaces, un feu d'artifice diversement coloré d'étoiles, de pointes, d'éclairs et de zones planes. Les parapsychologues lisaient dans ces compositions abstraites d'un heureux effet esthétique comme dans un livre ouvert. Là, disaient-ils, nous avons les doigts d'un homme qui a bu pas mal d'alcool (et de proposer ce nouveau système d'alcootest!). Là ceux d'un autre qui était stressé. Ici, la feuille d'un géranium malade; là, la main très chargée d'effluves d'un guérisseur en action.

Toutes ces dissertations étaient bien peu convaincantes, car il apparaissait nettement que les photos Kirlian étaient fortement influencées par le degré hygrométrique des objets posés sur les plaques. De là à conclure qu'une rondelle de pommes de terre dégageait un fluide aussi important que les mains d'un magnétiseur, il n'y avait qu'un pas.[2]

Fort heureusement, quelques chercheurs sérieux entreprirent d'étudier scientifiquement ce procédé électro-photographique. Car, jusque-là, les Kirlian et leurs émules ne s'étaient pas souciés de facteurs aussi importants que la température, la pression barométrique, l'humidité de l'air, la forme et le type des électrodes, le type et la planéité des films, les défauts (aspérités, etc.) sur la gélatine des films, les aspérités sur les objets photographiés, la géométrie de ces objets, leur état chimique et physique, la pression de ces objets sur les films, la pression des électrodes sur les objets

1. MONTANDON (R.), *Les radiations humaines*, p. 176-180; LE BON (G.), *L'évolution de la matière*, Paris, Flammarion, 1919, p. 158-162; LEDUC (S.), *La biologie synthétique*, Paris, Poinat, 1912, p. 90-96.
2. OSTRANDER (S.) et SCHROEDER (L.), *Fantastiques recherches parapsychologiques en U.R.S.S.*, p. 275-292; MILNER (D.) et SMART (D.), *The loom of creation*, London, Spearman, 1975; KRIPPNER (S.) et RUBIN (D.), *Galaxies of life*, New York, Interface, 1973, p. 48.

et les films, le type et la durée des expositions, etc. On n'avait pas davantage analysé les gaz pouvant être engendrés lors des décharges et on ne s'était par conséquent pas occupé de leur influence possible.

Les photographies que les parapsychologues avaient le plus souvent commentées montraient des extrémités de doigts humains. Or, lors de la prise de ces clichés, on ne s'était absolument pas soucié de la capacité corporelle des individus testés. On n'avait pas davantage mesuré la résistance de leur peau, laquelle varie sans cesse sous l'influence des sécrétions des glandes sudoripares, sécrétions qui sont non seulement dépendantes de la température, mais aussi de la tension nerveuse et de divers processus physiologiques. On ne s'était pas davantage préoccupé du fait que la peau agit comme filtre complexe vis-à-vis des courants HF.

Ainsi travaillent "scientifiquement" les parapsychologues!

Quand enfin une étude véritablement sérieuse fut réalisée à propos du procédé Kirlian, on découvrit que celui-ci ne montrait que des décharges corona, lesquelles variaient en fonction de tous les paramètres énoncés ci-dessus.

Ces décharges qui provoquaient une certaine quantité d'ultraviolets s'enfonçaient de façon irrégulière dans les différentes couches de gélatine, puis s'étalaient. Ainsi s'expliquaient les dominantes de bleu et de violet et les étalements de rouge et de jaune. Autour d'un objet rond, on observait souvent du rouge et, à l'opposé, du bleu : ce n'était que la bipolarité du champ qui était ainsi mise en évidence. Enfin, dans des conditions identiques, on obtenait des résultats très différents selon qu'on utilisait des pellicules négatives, inversibles ou polaroïd.[1]

On avait beaucoup parlé d'une photographie montrant une feuille d'arbre amputée d'un gros morceau en lieu et place duquel

---

1. DAKIN (H.S.), *High voltage photography*, San Francisco, Edmund, 1975, p. 12-14; KRIPPNER (S.) et RUBIN (D.), *Les énergies du corps vivant*, Paris, Tchou, 1976, p. 109-112; *Impact* (Unesco), Paris, octobre-décembre 1974, p. 379-385; *Science et Vie*, Paris, mars 1974, p. 49, et décembre 1975, p. 61; *New Scientist*, London, 1974, April 24, p. 160-163.

apparaissait une sorte de "fantôme". Ce furent, une fois encore, Sheila Ostrander et Lynn Schroeder qui en parlèrent en premier lieu en Occident, affirmant qu'un jeune chercheur soviétique leur avait montré ce document.[1]

On a bien entendu tenté de refaire cette passionnante expérience. Elle échoua à chaque fois! Dans certains cas, pourtant, on obtint un léger résultat; mais il fut toujours expliqué par un processus analogue à la xéroscopie.[2]

Un mensonge en entraînant un autre, on affirma bientôt que les Kirlian avaient réussi à photographier le "fantôme" de membres amputés d'animaux et même d'humains.[3]

La sensation d'intégrité des amputés

Or, toutes les histoires de fantômes biopsychiques de membres amputés trouvent leur origine dans un phénomène qu'on appelle la sensation d'intégrité des amputés et que les métapsychistes, obsédés par leurs idées préconçues, ne peuvent se résoudre à interpréter scientifiquement.

On sait, car c'est une vérité clinique, qu'un grand nombre d'amputés croient être capables, au début, de mouvoir un membre absent. Ensuite, souvent plusieurs années après l'amputation, ils ressentent à l'endroit apparent du membre absent des fourmillements, voire même des douleurs insupportables.

Les amateurs d'étrangetés ont vu là la preuve irréfutable de l'existence de l'aura et de sa persistance intégrale même après disparition d'une partie du corps.

La réalité est tout autre, et beaucoup moins simpliste. Ce

---

1. OSTRANDER (S.) et SCHROEDER (L.), *Fantastiques recherches parapsychologies en U.R.S.S.*, p. 295.
2. MILNER (D.) et SMART (E.), *The loom of creation*, p. 148; KRIPPNER (S.) et RUBIN (D.), *Les énergies du corps vivant*, p. 122 sqq.
3. BOLTON (B.E.), *The secret power of plants*, London, Abacus, 1975, p. 155.

phénomène bien connu est en effet très complexe puisque son explication nécessite de recourir à la fois à la psychologie et à la neurologie de pointe. Disons-le tout net : la science n'a pas encore pu résoudre complètement ce problème et de nombreux malades continuent à souffrir malgré diverses tentatives de chirurgie réparatrice qui ont été tentées sur certains d'entre eux, volontaires.

Mais les amateurs de mystères se moquent éperdument des tâtonnements qui font honneur à la chirurgie : pour conforter leurs croyances et répandre leurs convictions, ils mentent comme les arracheurs de dents de jadis. Ainsi peut-on lire dans certains ouvrages des récits macabres et incongrus où il est question d'amputés souffrant le martyre tandis qu'on procédait à la crémation de leur membre amputé ou qu'à distance on perçait celui-ci d'un clou! Tous les moyens sont bons pour frapper l'imagination des naïfs![1]

Visions héautoscopiques et extériorisation de la conscience

Les parapsychologues s'emparent ainsi parfois d'un phénomène intrigant (pour le commun des mortels) et le transforment, à force d'arguments spécieux et d'exagérations absurdes, en autant de preuves en faveur de leurs idées.

Beaucoup de gens se sont un jour réveillés en sursaut avec l'horrible impression de tomber dans un gouffre ou dans un escalier. C'est, disent les charlatans, qu'à ce moment-là ils effectuaient un " voyage astral " et que, pour une raison quelconque, ils ont dû réintégrer brusquement leur corps physique. La chute du "corps astral" dans le corps physique a provoqué cette sensation.

La vérité, beaucoup plus simple, est que cette chute est un rêve, lequel est induit par des processus chimiques dans le cerveau (c'est

1. MONTANDON (R.), *Les radiations humaines*, p. 8-9 ; DE ROCHAS (A.), *L'extériorisation de la sensibilité*, Paris, Pygmalion, 1977, p. 221 ; QUERCY (P.), *Les hallucinations*, Paris, Alcan, 1936, p. 41-49 ; *Science et Vie*, Paris, mars 1985, p. 70 ; *Nature*, London, 1974, April 26, p. 731-732.

l'écroulement des théories freudiennes !) et qui peut être influencé, comme dans le cas présent, par un changement de position dans le lit. Bergson lui-même, qui pourtant s'était beaucoup intéressé, comme nous l'avons vu, à la métapsychique, avait eu l'intuition de cette explication banale.[1]

Un autre exemple est celui des visions héautoscopiques. De quoi s'agit-il exactement ? Il s'agit d'une hallucination, déjà décrite par Aristote, au cours de laquelle un individu se voit lui-même en face de lui. Au cours de cette hallucination, il a le sentiment que sa conscience s'est échappée de lui-même et qu'elle est en fait dans la vision de lui-même qui se trouve en face de lui. Pour les parapsychologues il ne fait aucun doute qu'il s'agit là d'une O.O.B.E. (*out of body experience*), autrement dit une expérience d'extériorisation du corps astral. Ce n'est évidemment l'avis d'aucun spécialiste des hallucinations. On ne peut encore complètement expliquer l'*origine* de cette hallucination. Tout au plus sait-on qu'elle se manifeste en période de grande fatigue ou au moment de l'endormissement. Elle affecte principalement les sujets somnolents, tristes ou ayant des idées morbides. Les schizophrènes y sont également particulièrement sujets.[2]

Il n'empêche; certains auteurs, comme par exemple Brad Steiger, n'ont pas hésité à citer à la barre des témoins une multitude d'hallucinés pour “ démontrer ” la réalité incontestable des “ voyages astraux ” ![3]

L'érotisme des photographies Kirlian

Mais revenons aux photos Kirlian.

Pendant de nombreux mois, des quantités de gens manipulèrent des appareils Kirlian que d'ingénieux commerçants avaient fait fabriquer en toute hâte.

1. BERGSON (H.), *L'énergie spirituelle*, p. 96.
2. POROT (A.), *Manuel alphabétique de psychiatrie*, Paris, P.U.F., 1975, p. 299.
3. STEIGER (B.), *The mind travellers*, London, Tandem, 1968.

Bien sûr, dans le mode d'emploi de l'appareil, il n'était pas précisé que les décharges engendraient de l'ozone, un gaz dangereux à respirer, et produisaient avec l'air et l'eau, de l'acide nitrique qui corrode la peau.

Mais voici le sommet. Au cours d'une conférence en Union soviétique, on présenta un montage de plusieurs *centaines* (!) de photos Kirlian sur un fond musical où se mélangeaient des musiques des Beatles, de Ravi Shankar, du Gratefull Dead... Le tout agrémenté des commentaires des parapsychologues Stanley Krippner et Allan Watt ainsi que du fameux (fumeux!) Buckminster Fuller. Cette projection déclencha, dit-on, un tonnerre d'applaudissements. Il fallut même la recommencer pour les retardataires. Un spectateur commenta que c'était "la meilleure combinaison d'art, de science, de musique et de politique" qu'il eût jamais vue! Ensuite, Stanley Krippner fit un exposé sur l'utilisation des photos Kirlian à des fins esthétiques et... érotiques! Cet exposé fut accompagné de projections de couvertures de magazines, de pochettes de disques et de photographies d'organes génitaux en gros plan![1]

Fluide humain et magnétiseurs

À défaut d'avoir pu mesurer ou montrer l'aura ou le fluide humain, certains tentèrent de prouver son existence en démontrant ses prétendus *effets*. On pénètre là dans le vaste domaine des magnétiseurs et du "magnétisme animal"...

De multiples expériences ont été réalisées pour tenter de prouver que le fluide humain peut accélérer ou ralentir la germination des graines, la croissance des plantes ou le développement des bactéries. Outre que les magnétiseurs n'ont jamais pu avancer la moindre explication quant à des effets si opposés du fluide, il faut dire nettement qu'aucune de toutes ces expériences ne fut concluante. Certains auteurs affirment bien entendu le contraire; mais ils "oublient" de préciser que reproduites d'une façon rigoureuse, elles échouèrent toujours lamentablement.

1. KRIPPNER (S.) et RUBIN (D.), *Les énergies du corps vivant*, p. 52-54.

Ceci vaut aussi pour les expériences de momification de fruits ou de viande : toutes échouèrent quand elles furent exécutées dans des conditions rigoureuses et selon un protocole véritablement scientifique.[1]

La démonstration du " fluide humain " a donc toujours échoué. Et pourtant, ceux qui veulent continuer à y croire sont légion. Encore n'avons-nous pas eu la place pour parler des thèses de Lakhovsky, de Charles Henry et de tout ce qui concerne de près ou de loin les pendulistes et baguettisants.

Mais laissons là les chercheurs de " fluide humain " et abordons une autre découverte remarquable de la parapsychologie...

---

1. TOCQUET (R.), *Quand la médecine se tait*, p. 202-205.

LA CONSCIENCE VÉGÉTALE

La vie émotionnelle des plantes selon Backster

En 1966, Cleve Backster "prouva" que les plantes avaient non seulement des sentiments humains, mais qu'elles étaient, de surcroît, télépathes.

On a raconté — mais les légendes se créent vite dans le petit monde des sciences parallèles — que Cleve Backster découvrit par hasard que les plantes étaient capables de faire réagir un polygraphe (détecteur de mensonges). Au terme d'une série d'expériences, ce "chercheur" établit qu'une plante réagissait quand on broyait ou qu'on brûlait une de ses consœurs. Comme la réaction intervenait également quand on sacrifiait une plante dans une pièce voisine ou même quand on en formulait seulement la pensée, Backster assura que les plantes étaient également télépathes. Grâce au polygraphe, il put enregistrer une série "d'émotions végétales" telles que la peur, la colère, la tristesse, la honte et même la jalousie.

Quand Backster publia le résultat époustouflant de ses "longues recherches", il y eut une grande agitation dans les milieux de la parapsychologie. On s'empressa d'acquérir des polygraphes et de refaire les expériences. Mieux : on les compliqua et on les poussa plus loin encore. Même les parapsychologues russes s'y employèrent, eux que l'on imagine plus sérieux... simplement parce qu'on connaît moins leurs travaux!

Peter Tompkins et Christopher Bird rassemblèrent tout ce "matériel expérimental" dans un ouvrage qui devint en peu de temps un véritable best-seller. Paru en 1973 aux États-Unis, il fut publié en France par les éditions Robert Laffont en 1975 sous le titre *La Vie secrète des plantes*. À noter que l'édition de poche anglaise fut proposée dès 1974 par la très sérieuse (habituellement) maison d'édition Penguin.

Ce que les deux auteurs racontaient avait de quoi faire sursauter les plus blasés. Ils parlaient en effet de gadgets qui, couplés à des polygraphes fixés à une plante pourraient télécommander n'importe quel appareil électrique grâce à la seule volonté des propriétaires de la plante qui utiliseraient celle-ci comme "relais psychique". Ils disaient aussi que des cactus du désert étaient en communication télépathique avec de lointaines étoiles. Et d'autres choses étourdissantes du genre...

Dans leur ouvrage, les deux auteurs mêlaient toutes sortes de références et d'articles où ils avaient puisé des choses qui ne s'y trouvaient même pas! Étaient-ils victimes de leur obsession en citant hors contexte des chercheurs scientifiques ou interprétaient-ils à leur façon des textes qui étaient au-dessus de leur niveau de compréhension?

Dès qu'il fut publié, ce livre fut complètement réduit à néant par le professeur Leslie Audus, chef du Département de Botanique de l'Université de Londres. Dans une courte critique qu'il intitula *Les racines de l'absurdité*, le digne professeur souligna le manque d'esprit critique et de connaissances scientifiques des auteurs. Il s'étonna surtout que l'on pût croire qu'une plante réagissait comme une femme jalouse quand son propriétaire avait des relations sexuelles avec sa petite amie à plusieurs miles de là. "Science-fiction" conclut ce spécialiste qui avoua n'avoir pu poursuivre la lecture au delà des quatre cinquièmes de l'ouvrage. Comme on le comprend![1]

Mais cette réaction à la fois amusée et outragée ne toucha pas le grand public qui, lui, s'enfièvra à mesure que le poison intellectuel lui était distillé.

---

1. *New Scientist*, London, 1974, October 13, p. 207.

Backster, décrit comme le plus grand spécialiste mondial du détecteur de mensonges par Bird et Tompkins, défraya la chronique.[1]

Dans toutes sortes de revues, il ne fut plus question que du chagrin des plantes quand on les cueille, de leurs douleurs atroces quand on les cuit ou quand on les mange, etc.[2]

Michel Remy, un végétarien, étudia attentivement l'ouvrage et conclut que ses auteurs étaient remarquablement documentés. Leurs affirmations devant donc être prises au sérieux, il chercha une solution au grave problème de conscience que pouvaient dès lors se poser tous les végétariens et les crudivores... Fort heureusement, il trouva ! Il semble bien, remarqua Michel Remy, que certaines parties des plantes soient destinées à s'en détacher comme par exemple les fruits. En mangeant ces fruits, on ne ferait aucun tort aux plantes elles-mêmes, au contraire, on mettrait en jeu un processus de promotion au niveau de l'évolution cosmique des choses et des êtres (cet argument ridicule n'était même pas neuf !). Et de remarquer aussitôt que "certaines expériences" (on se demande bien lesquelles!) *donnaient à penser* que le psychisme des plantes comportait *peut-être* (notez la fausse prudence scientifique de ce végétarien) "une aspiration à entrer dans une forme de vie supérieure". Ce M. Remy concluait qu'à l'avenir il ne faudrait plus seulement tenir compte du pouvoir calorique et vitaminique des plantes, mais aussi de leurs pouvoirs nutritifs psychiques.[3]

Les erreurs de Backster

Les expériences de Cleve Backster ne valaient rien et voici pourquoi...

---

1. TOMPKINS (P.) et BIRD (C.), *The secret life of plants*, London, Penguin, 1974, p. 19.
2. OSTRANDER (S.) et SCHROEDER (L.), *Nouvelles recherches sur les phénomènes psi*, p. 29 sqq.; WATSON (L.), *Supernature*, London, Coronet, 1974, p. 247-248; *New Scientist*, London, 1975, February 6, p. 334.
3. GEFFROY (H.Ch.), *Tu vivras cent ans*, Mandres-les-Roses, C.E.V.I.C., 1977, p. 473-479.

Appelé vulgairement " détecteur de mensonges ", le polygraphe est un appareil qui, lorsqu'il est appliqué sur la peau, est capable de détecter le réflexe psychogalvanique. Ce réflexe consiste en une variation de la résistance électrique des téguments (effet Féré) ou en l'apparition de potentiels électriques (effet Tarchanov) liés, généralement, à un processus émotionnel. Ces phénomènes sont en relation avec les sécrétions des glandes sudoripares et la vasomotricité. La traduction graphique de ce phénomène s'appelle l'électrodermogramme.[1]

À l'aide de polygraphes très sensibles, des scientifiques compétents (Backster n'était ni un scientifique ni même un expert en la matière!) firent les expériences que tant d'autres parapsychologues avaient déjà refaites et réussies. Or, cette fois, les résultats obtenus furent à ce point édifiants et consternants que les thèses de Backster s'effondrèrent d'un seul coup. Elles sombrèrent même dans l'oubli en l'espace de quelques mois, le temps que l'information circule dans les salles de rédaction et atteigne les éditeurs sérieux.

Qu'avait donc enregistré le polygraphe de Backster? Uniquement des courants parasites engendrés par les électrodes elles-mêmes, qui étaient parfois directement en contact avec les plantes. Un matériel inadéquat, mal utilisé de surcroît puisque les plantes n'avaient jamais été isolées par rapport aux influences extérieures; voilà ce qui avait produit les enregistrements extraordinaires sur lesquels Backster avait basé ses théories!

Au cours d'expériences réalisées à l'Université de Washington, il fut possible de reproduire exactement tous les résultats obtenus par Backster rien qu'en faisant varier la température et le degré d'humidité dans le local, deux paramètres dont Cleve Backster ne s'était jamais soucié ![2]

---

1. DELAY (J.) et VERDEAUX (G.), *Électroencéphalographie clinique*, Paris, Masson, 1966, p. 216.
2. RANDALL (J.L.), *Parapsychology and the nature of Life*, London, Abacus, 1977, p. 156-157; *The world almanac book of strange*, p. 364; *Science et Vie*, Paris, novembre 1975, p. 95.

Avant Backster : Ron Hubbard et Abrams

S'il faut en croire Peter Kolossimo, Ron Hubbard mériterait l'antériorité des "découvertes" de Backster puisqu'il avait obtenu les mêmes résultats avec un appareillage semblable bien auparavant. Ce Ron Hubbard dont parle Kolossimo est celui qui inventa la dianétique, à savoir une "science" psychologique absurde qui fut appelée plus tard la scientologie. L'Église de scientologie est une secte dangereuse dont le fondateur alla jusqu'à proposer l'élimination physique des membres convaincus de trahison. On lira sous les plumes de Martin Gardner et Alain Woodrow des analyses détaillées à propos de cette secte dont étaient membres plusieurs des chercheurs qui "contrôlèrent" Uri Geller au Stanford Research Institute ![1]

Les travaux de sir Jagadis Chunder Bose

Bien avant Backster, sir Jagadis Chunder Bose avait étudié les spasmes de certaines plantes capables de réagir au toucher, comme par exemple le mimosa. Ses observations, correctes, lui avaient fait proposer l'hypothèse d'un véritable système nerveux végétal. On sait aujourd'hui que ce système nerveux n'existe pas. Le spasme de ces plantes est strictement provoqué par des réactions chimiques dans lesquelles interviennent des hormones parfaitement connues. Ignorant tout des découvertes récentes, les "savants parallèles" ont exhumé les œuvres de Jagadis Bose et se sont contentés d'en "traduire", en langage simpliste, les hypothèses et observations. Ce faisant, ils déformèrent complètement les opinions du chercheur indien en lui faisant dire que plantes et métaux étaient dotés d'une conscience, chose que l'illustre biologiste ne prétendit jamais, du moins sous cette forme simpliste.[2]

---

1. GARDNER (M.), *Les magiciens démasqués*, p. 303-324; KOLOSSIMO (P.), *Ombres sur les étoiles*, Paris, Albin Michel, 1973, p. 218-219; KOLOSSIMO (P.), *Frères de l'infini*, Paris, Albin Michel, 1977, p. 168-169; WOODROW (A.), *Les nouvelles sectes*, Paris, Le Seuil, 1977.
2. BOSE (J.C.), *Les autographes des plantes et leurs révélations*, Paris, Gauthier Villars, 1934; BOSE (J.C.), *Physiologie de l'ascension de la sève*, Paris, Gauthier Villars, 1927.

Maurice Maeterlinck et Raoul Francé

Bien avant les recherches scientifiques de sir Jagadis Bose, l'idée que les plantes avaient un degré de conscience fut plusieurs fois énoncée. On peut même considérer que cette opinion trouve sa source dans les croyances animistes de nos lointains ancêtres.

C'est le grand poète et métapsychiste Maurice Maeterlinck qui, au XXe siècle, redécouvrit et popularisa à nouveau cette idée. Son ouvrage *L'intelligence des fleurs*, qui connut un fort tirage, reçut, si l'on peut dire, une suite ou un complément sous la forme d'un autre livre signé par Raoul Francé et qui fut largement diffusé dans les milieux spiritualistes puisqu'il fut édité par Adyar, l'éditeur des ouvrages théosophiques.[1]

Ces deux livres étaient remplis d'observations interprétées dans le sens d'une intelligence végétale.

Réalité et fiction à propos des plantes

La réalité, dit-on, dépasse souvent la fiction. C'est impossible, hélas, dans le domaine qui nous occupe, tant les chercheurs parallèles ont pu dire d'âneries. Néanmoins, la réalité révèle parfois des choses surprenantes qui pourraient tout de même étonner encore les amateurs d'insolite. Ainsi a-t-on découvert, et cette fois au prix de recherches sérieuses, que les arbres sont capables de réagir aux agressions des insectes. Ce sont des réactions purement chimiques, évidemment, mais elles sont complexes. Captées par les racines d'un arbre voisin, les sécrétions d'un arbre attaqué par les insectes peuvent engendrer chez le second les mêmes réactions de défense que chez le premier.[2]

De telles influences chimiques à distance pourraient même déboucher sur de véritables guerres à l'échelle végétale. Chaque

---

1. MAETERLINCK (M.), *L'intelligence des fleurs*, Paris, Fasquelle, 1907; FRANCÉ (R.), *Les sens de la plante*, Paris, Adyar, 1937.
2. *Science et Vie*, Paris, octobre 1983, p. 60.

type de plantes paraît en effet défendre son territoire à l'aide de substances chimiques toxiques pour d'autres plantes.[1]

On a découvert également qu'à certaines périodes de son cycle menstruel, une femme peut sécréter des substances qui peuvent faire faner les fleurs. Ainsi semble éclairci un " mystère " dont on parlait parfois quand il était question des " pouvoirs mystérieux " de certaines femmes.[2]

Puisque nous évoquons le cycle menstruel, pourquoi ne pas ajouter qu'un savant botaniste français a cru percevoir un cycle de température particulier aux fleurs lors des périodes de fécondation. Cela, c'est de la science et non de la fiction.[3]

Science toujours : on a détecté certaines activités électriques chez les plantes lors de la photosynthèse[4]. Ainsi donc, la science démontre chaque jour davantage la complexité de tous les phénomènes liés à la vie. Elle prouve certes que les plantes peuvent avoir " des réactions complexes " ; mais celles-ci sont exclusivement du domaine de la physique et de la chimie et non d'une hypothétique conscience végétale...

---

1. *La Meuse-La Lanterne*, Liège, 26 septembre 1975.
2. *Science et Vie*, Paris, septembre 1974.
3. TOMPKINS (P.) et BIRD (C.), *La vie secrète des plantes*, Paris, Laffont, 1975, p. 106-107.
4. *Science Digest*, New York, 1981, January-February, p. 36.

LAMAS ET YOGIS

Les légendes colportées par Jacolliot

L'Inde fut, et reste encore, pour certains, un lieu de mystères et d'initiations aux pratiques occultes les plus secrètes.

On a tout écrit à propos des fakirs de l'Inde : qu'ils pouvaient s'ouvrir le ventre puis le refermer sans le moindre mal, qu'ils pouvaient grimper le long d'une corde se tenant, sans aucun support, verticale; qu'ils pouvaient suspendre toutes leurs activités vitales et se faire enterrer vivants pendant plusieurs jours ou semaines; qu'ils pouvaient faire pousser des fleurs, à vue d'œil, par le simple pouvoir de leur volonté, etc.

Le cinéma et la télévision ont mis un terme à bien des croyances de ce genre. En fait, les fakirs utilisaient des trucs assez grossiers auxquels seuls les naïfs pouvaient se laisser prendre. Et, comme toujours, il y eut, à une certaine époque, des rapporteurs peu fidèles qui n'hésitèrent pas à colporter toutes sortes de prodiges auxquels ils n'avaient même pas assisté. Ce fut le cas d'un certain Jacolliot.

Ce Jacolliot naquit en 1837 et mourut en 1890. Président du tribunal de Chandernagor, puis consul de France à Calcutta, il eut tout loisir de faire ample moisson de légendes indiennes. Revenu en France après un séjour à Tahiti, il écrivit pendant vingt ans une cinquantaine d'ouvrages dans lesquels il consigna de nombreux prodiges de fakirs qu'il prétendit avoir vus. Il affirma aussi que la légende de Jésus fut inspirée par celle de Krischna et il inventa le "Vril", cette mystérieuse énergie inconnue (et pour cause!) qui inspira à plus d'une société secrète des divagations dont devait sortir le roman de Bulwer Lytton intitulé *La race à venir* (*The coming race*) que d'aucuns ont cité pour prouver (!) que la Terre est creuse et habitée à l'intérieur.[1]

Aux Indes et au Tibet, des "sages" sans aucun pouvoir mystérieux

La meilleure preuve que les " sages " de l'Inde et du Tibet n'ont jamais eu, plus que les autres " sages " de la Terre, des pouvoirs occultes extraordinaires se trouve dans ces pages terribles de Maurice Maeterlinck que nous pensons devoir citer intégralement :

" Jusqu'en 1904, en effet, le Tibet était considéré par les occultistes comme le dernier asile de leur science. Il possédait, à leur dire, d'immenses bibliothèques souterraines, aux livres innombrables, dont certains remontaient aux temps préhistoriques des Atlantes, où étaient consignées, en des langues connues seulement de quelques adeptes, des révélations suprêmes et immémoriales. Au sein de ces lamasseries où pullulaient des milliers de moines, il nourrissait un collège de grands initiés, à la tête duquel se trouvait, initié des initiés, le Dalaï-Lama.

Aucun Européen n'avait jamais, affirmait-on, violé son territoire sacré; ce qui du reste n'était pas tout à fait exact, car en 1661, en 1715 et en 1719, deux ou trois Jésuites et quelques Capucins y avaient pénétré. En 1740, un voyageur hollandais séjourna dans Lhassa, puis, en 1813, un Anglais. Ensuite, en 1846, les missionnaires Huc et Gobet, déguisés en Lamas, parvinrent à s'y glisser. Mais depuis, malgré de multiples et périlleuses tentatives, dont la dernière et la plus notoire fut celle de Sven-Hedin, aucun explorateur n'avait réussi à atteindre la ville sainte. On peut donc dire que de toutes les terres de notre globe, c'était la plus mystérieuse et la plus prestigieuse. À l'annonce de l'expédition sacrilège, on s'attendit, dans le monde des occultistes, à d'étranges événements. Je me rappelle la confiance, la sereine certitude avec

1. JOIRE (P.), *Les phénomènes psychiques et supernormaux*, Paris, Vigot, 1909, p. 73-77; FRÈRE (J.C.), *Nazisme et sociétés secrètes*, Paris, C.A.L, 1974, p. 94-98.

laquelle l'un des plus savants, des plus sérieux de ceux-ci, au début de l'année 1904, me disait : « Ils ne savent pas à quoi ils s'attaquent. « Ils vont provoquer dans leur refuge les plus redoutables « puissances. Il est à peu près certain que les derniers adeptes « transhimalayens possèdent le secret de la terrible force éthérique « ou sidérale, le Mash-maket des Atlantes, l'irrésistible Vril dont « parle Bulwer Lytton, cette force vibratoire qui, d'après les « instructions qui se trouvent dans l'Astra-Vidya, peut réduire en « cendres cent mille hommes et éléphants, aussi facilement qu'elle « réduirait en poudre un rat mort. Il va se passer des choses « extraordinaires. Ils n'atteindront jamais l'inviolable Potala ! »

Il ne se passa rien du tout, du moins rien de ce qu'on attendait. Après de longs pourparlers diplomatiques, où se révélèrent, sous un jour déconcertant, l'impéritie, l'incompréhension, la sénilité, la mauvaise foi chinoise, et l'astuce enfantine du collège des Lamas, les troupes du colonel Younghusband, composées surtout de Sikhs et de Gurkhas, encadrés d'Européens, se mirent en marche. Dans ces régions déchiquetées et sur ces hauts plateaux glacés, désolés et inhabitables de l'Himalaya, les plus âpres du monde, elles eurent à surmonter des difficultés inouïes et dans des défilés qu'une poignée d'hommes bien commandés eût rendus inexpugnables, se heurtèrent plus d'une fois à la résistance inhabile et courageuse des soldats du Dalaï-Lama, fanatisés par les " mantras " et les charmes de leurs prêtres, mais armés de fusils à mèche et de mauvais canons indigènes. Les Anglais approchèrent enfin de Lhassa, et les abbés des grands monastères, affolés, durant cinq jours, maudirent solennellement l'envahisseur, mirent en mouvement des milliers de moulins à prières, eurent recours aux suprêmes incantations; inutilement. Le 4 août, le colonel Younghusband fit son entrée dans la capitale du Tibet, occupa le Saint des Saints, la résidence de Dieu : la Potala, immense et fantastique édifice qui s'élance au-dessus des masures de la ville et ressemble, avec ses terrasses, ses toits plats, ses bastions, à une forteresse, à une superposition de villas italiennes, à une caserne aux fenêtres innombrables et à certains gratte-ciel américains. Le Dalaï-Lama, la treizième incarnation de la divinité, le pape du bouddhisme, le père spirituel de six cent millions d'âmes, avait honteusement pris la fuite et ne fut jamais retrouvé. On explora les couvents et les sanctuaires où grouillaient plus de trente mille moines résignés et indifférents et on n'y découvrit que les restes de la plus haute religion que connurent les hommes, achevant de se décomposer dans de puériles superstitions, dans le mécanisme des moulins à prières, et dans la plus déplorable sorcellerie. Ainsi s'effondra le suprême asile du mystère et furent livrés aux profanes les derniers secrets de la terre." [1]

Bien sûr, il se trouvera toujours des occultistes que ceci ne convaincra pas. Ceux-là n'ont sans doute pas lu les ouvrages de Mme Alexandra David-Neel où se côtoient la misère la plus noire, les pratiques superstitieuses les plus folles et l'absurde !

La marche sur le feu

Les marches sur le feu font, elles aussi, partie des faux mystères. Des chercheurs parallèles en ont donné des explications diverses bien peu convaincantes. Il semble même que beaucoup de ceux qui ont parlé de ce type particulier de cérémonie religieuse n'y ont jamais assisté, sinon pourquoi ne pas en faire une description *correcte* ?

Le rituel d'une marche sur le feu varie, ici et là, selon les croyances et les habitudes. Néanmoins, un grand nombre de particularités se retrouvent partout. Remarquons pour commencer qu'une marche sur le feu ne s'organise pas à l'improviste, car elle est l'aboutissement d'une série de rites divers qui s'étalent sur plusieurs semaines. Durant une longue période, ceux qui vont participer à une marche sur le feu procèdent à des sacrifices personnels comme par exemple marcher le plus souvent pieds nus. Sur le sable d'une plage ou le bitume des routes, la marche à pieds nus a tôt fait d'habituer un individu à supporter une certaine chaleur... Passons sur les abstinences sexuelles et les régimes alimentaires qui ne nous intéressent point ici.

Le jour où la marche sur le feu a lieu, elle est précédée par une procession, des chants, des prières, bref une certaine mise en

1. MAETERLINCK (M.), *Le grand secret*, Paris, Charpentier, 1921, p. 177-180.

condition qu'il faut bien appeler un "conditionnement" psychologique.

Le rectangle de braises que les officiants délimitent est généralement prolongé ou entouré par un fossé dans lequel sont déversés un ou plusieurs liquides "purificateurs". Chaque marcheur passera dans ce fossé après avoir franchi le rectangle de braises. Après un certain nombre de traversées, les marcheurs ont aux pieds une véritable couche de boue et de bois calciné qui les protège efficacement. Mais, nous dira-t-on, et les premiers passages, comment sont-ils possibles?

C'est ici qu'intervient l'élément capital qui dissipe le mystère : la faible conductivité du bois.

La chaleur des braises ne se communique guère à la peau qui, compte tenu des sacrifices préalables, a reçu une importante couche de cal supplémentaire au niveau de la voûte plantaire. Une marche sur le feu serait impossible si, en lieu et place de braises, on plaçait des fers rougis par le feu. Dans ce cas, la chaleur se communiquerait très facilement à la peau et le cal le plus épais ne résisterait pas longtemps.[1]

1. *Bulletin de l'A.F.I.S.*, Paris, n° 156, p. 10.

PROPHÈTES ET VOYANTS

Les Centuries *de Nostradamus*

Parmi les sciences occultes, les “arts divinatoires” tiennent le haut du pavé. Et qui dit arts divinatoires dit prophéties, voyances et prémonitions.

Chacun sait ce que sont les prophéties. Elles se caractérisent en général par un style obscur qui se prête à merveille à autant d'interprétations qu'il y a de commentateurs. L'exemple des *Centuries* de Nostradamus est, à ce point de vue, classique.

Publiées à partir de 1547, *Les Centuries* ne cessent de susciter des polémiques entre ceux qui y croient ou feignent d'y croire parce que cela leur rapporte de l'argent et ceux qui les dénoncent comme une imposture historique et psychologique. Le tour de la question peut se faire très vite.

En effet, non seulement le style des *Centuries* permet n'importe quelle interprétation, mais aussi on n'a pas hésité, à de nombreuses reprises, à interpoler le texte original pour y ajouter des prophéties “après coup”. Ces falsifications ponctuelles furent utilisées pour valoriser l'ensemble. C'est là un point de critique historique qui ne peut être contesté : il suffit de comparer les diverses éditions !

On se souvient de l'énorme succès de librairie que remporta M. de Fontbrune avec son gros ouvrage consacré à l'interprétation — ô combien abusive — des *Centuries*. Ce qui est certain, c'est que cet auteur utilisa une science linguistique qui n'appartenait qu'à lui et qui scandalisa bien entendu les érudits.[1]

La prophétie de saint Malachie

Presque aussi célèbre que les *Centuries* de Nostradamus, il y a la prophétie de saint Malachie dite aussi "prophétie des Papes".

Jamais saint Malachie, qui vécut au XIIe siècle, n'a pu écrire ce texte qui n'apparut pas avant 1595. Quoi d'étonnant, dès lors, si cette prophétie s'accorde si bien aux noms des papes qui, chronologiquement, la précédèrent! Quant au reste, l'imagination des commentateurs et de singulières erreurs que d'aucuns feignent d'ignorer, l'expliquent.

Qu'est-ce donc qui assure le succès de cette prophétie? Tout simplement le fait que l'on considère que la liste de papes une fois close, ce sera la fin du monde. Et plus la fin de cette liste approche, plus semble se rapprocher aussi la fin des temps qui serait, à présent, pour demain ou presque!

Dussions-nous décevoir les amateurs de frissons, cette prophétie ne concerne *en rien* la fin des temps : elle prétendait simplement annoncer la réunification de l'Église fondée par Pierre. Sans plus. Ceci fut démontré par Victor Dehin après douze ans de travail, dans une étude monumentale de plus de mille pages.[2]

La prophétie d'Orval

Certains auteurs qui ne se lassent pas de citer des prophéties "rigoureusement exactes" pour effrayer leurs lecteurs parlent parfois de la prophétie d'Orval.

---

1. BECHTEL (G.), *Les grands livres mystérieux*, Paris, C.A.L, 1974, p. 165; *Science et Vie*, Paris, novembre 1981, p. 64-65; *Historia*, Paris, décembre 1981, p. 9.
2. BECHTEL (G.), *ibidem*, p. 166-167; *La Meuse-La Lanterne*, Liège, 30 mars 1971.

Cette prophétie semble avoir prévu bien des choses avec un luxe extraordinaire de détails.

Chose curieuse, si l'épopée napoléonienne était remarquablement prédite, la suite, par contre, devenait pur cafouillage. Il y a à cela une raison bien simple : cette prophétie est juste postérieure à l'épopée napoléonienne! Elle ne fut rédigée que pour tenter d'influencer le destin en désignant le comte de Chambord comme futur roi de France. Celui-ci ne régna jamais, au grand dam des légitimistes à qui la " prophétie " d'Orval doit certainement être attribuée, car elle ne fut évidemment pas l'œuvre de Nostradamus comme certains l'ont prétendu.[1]

La voyance ou l'art d'être vague

En chaque début d'année, des journalistes interrogent de célèbres voyants sur les événements qui se dérouleront, selon eux, dans le courant de l'année à venir. C'est devenu une tradition. Parfois, mais c'est beaucoup plus rare, les mêmes journalistes (ou d'autres) prennent la plume en fin d'année pour commenter les résultats obtenus par les voyants. C'est *toujours* décevant! Voilà une expérience que chacun peut faire sans grande difficulté.[2]

Une expérience fort simple fut tentée ces dernières années aux États-Unis : il fut demandé à des voyants et à de simples étudiants de prédire l'avenir. On attendit, puis on compara les résultats. Dans l'ensemble, les étudiants avaient obtenu de meilleurs résultats que les prétendus voyants! Inexplicable? Pas du tout; au contraire. Cette différence provenait du type de précisions proposées par les étudiants par rapport aux voyants. Les voyants, par souci de réaliser une " performance ", avaient été beaucoup plus précis que les étudiants qui étaient forcément restés assez vagues.[3]

Autrement dit : plus on est vague, meilleur voyant on est!

---

1. BECHTEL (G.), *Les grands livres mystérieux*, p. 169-170.
2. *Science et Vie*, Paris, février 1982, p. 83.
3. *Science et Vie*, Paris, mai 1978, p. 69.

Les prémonitions

S'il y a beaucoup de fumistes parmi les voyants professionnels, il y a pourtant d'authentiques prémonitions. Chacun sait (ou croit savoir!) cela...

Or, c'est là un postulat que nous ne pouvons plus admettre.

Parmi les collectionneurs de toutes sortes, il y a des collectionneurs de coïncidences extraordinaires. Il suffit de parcourir plusieurs récits de telles coïncidences pour perdre, à jamais, la croyance aux prémonitions. Ajoutons à cela la fragilité des témoignages et l'origine purement chimique des rêves qui est bien établie aujourd'hui. Tout cela concourt à faire disparaître le merveilleux inexpliqué.

Nous n'insisterons pas trop sur ce sujet, non par faiblesse, mais pour ne pas tomber dans l'erreur que cent fois d'autres ont commise. Ce n'est pas à nous, en effet, de prouver que la prémonition n'existe pas; c'est à ceux qui affirment qu'elle est une réalité de prouver, *rigoureusement*, qu'il en est ainsi. Or, cette preuve rigoureuse on l'attend toujours car, jusqu'ici, les parapsychologues n'ont proposé que des *récits* singulièrement inconsistants.

L'effet Jupiter

Il est des prédictions qui sont, en apparence, sérieuses : celles qui prétendent, par exemple, s'appuyer sur des faits scientifiques. Un exemple parmi d'autres : l'effet Jupiter.

En 1974 parut un livre intitulé *The Jupiter Effect* dans lequel les deux auteurs (l'un du centre Godard de la N.A.S.A. et l'autre collaborateur de la très scientifique revue *Nature*) annonçaient que par suite d'un alignement rarissime des planètes en 1982, on pouvait s'attendre à un épouvantable effet de “marée cosmique” qui déclencherait sur notre planète une quantité de catastrophes naturelles de grande ampleur. Ce n'était point la fin du monde qui était promise, mais...

La panique s'empara de certains groupes intellectuels, de certaines associations qui diffusèrent des communiqués alarmistes... Des astronomes, amateurs et professionnels, réagirent. Un alignement des planètes en 1982 ? Pas du tout ! Et de produire des quantités de calculs dont beaucoup réalisés sur ordinateur...

Honteux, on le devine, un des auteurs du fameux ouvrage fit promptement marche arrière, clamant qu'on avait déformé sa pensée. Fallait-il qu'elle fût singulièrement obscure ! L'année 1982 passa comme les autres, avec son cortège habituel de catastrophes de toutes sortes. Et jamais, au grand jamais, les planètes du système ne se trouvèrent alignées.

Un seul heureux, donc, dans cette affaire : l'éditeur de cet ouvrage qui fut, comme d'autres du genre, un best-seller.[1]

---

1. *Bulletin de l'A.F.I.S.*, Paris, 1975, juin-juillet, p. 1-2; *Science et Vie*, Paris, mars 1981, p. 64, et avril 1981, p. 32 sqq.; *Journal of the British Astronomical Association*, London, 1975, Aug., p. 450-451.

III

L'UNIVERS DES DINGUES

LES THÈSES FOLLES

La Terre vivante

Certains originaux, qui se font rares, croient encore que la Terre est plate et que les expériences spatiales ne sont qu'une supercherie. D'autres, nettement plus nombreux, sont persuadés que notre planète est creuse et qu'un soleil intérieur y éclaire des êtres qui sont peut-être les pilotes des O.V.N.I.[1]

Notre planète a énormément excité l'imagination des originaux. En 1805, un avocat de Saint-Domingue, M. Chevrel-Dessaudrais, publia à Paris un gros ouvrage intitulé *Clef des phénomènes de la nature ou la Terre vivante*. Il y prouvait, du moins le pensait-il, que notre planète n'en était pas une parce que le sol sur lequel nous vivions n'était que le dos d'un animal en grande partie immergé dans un vaste océan! Nous étions, selon cet original, comme des poux vivant sur la peau d'un animal hérissé, par endroits, d'une fourrure que nous appelons forêts. Il n'y avait point de marées provoquées par l'attraction de la Lune, mais bien flux et reflux des eaux du grand océan rythmés par la respiration lente et profonde de l'animal. Point de tremblements de terre, mais bien des tressaillements de la bête. Volcans, mines de fer ou de charbon, climats, tout recevait une explication lumineuse, du moins dans l'esprit de cet avocat qui mérite peut-être plus que d'autres de figurer au Panthéon des sciences parallèles.

Un demi siècle plus tard, en 1860, un certain Pierre Lachèze soutenait encore le système cosmogonique de Moïse dans un ouvrage publié à Paris chez Palmé. Ce livre, des plus confus, et qui

1. HALLET (M.), *Les O.V.N.I. intra-terrestres, étude d'un mythe*, Liège, chez l'auteur, 1984.

était intitulé *Système du monde d'après Moïse*, prétendait démontrer que la Bible avait dit vrai et que la Terre était surmontée d'une voûte de cristal sur laquelle étaient disposées les étoiles. Le tout, bien entendu, reposait sur un immense océan.

En 1928, un médecin français, Hélan Jaworski, publia chez Gallimard un ouvrage intitulé *Le Géon* dans lequel il cherchait à démontrer que la terre était véritablement un objet vivant de nature cosmique au même titre que tous les astres de l'Univers. L'auteur ne niait aucune des découvertes scientifiques de son époque; mais il en usait de façon différente en remplaçant, en quelque sorte, le vocabulaire traditionnellement dévolu aux choses inanimées par un autre, voué aux êtres vivants. Avant lui, déjà, Alphonse Berget, professeur à l'Institut océanographique, avait fait un peu la même chose, bien qu'en insistant moins sur le procédé, dans un ouvrage paru en 1912, chez Flammarion, dans la collection de la bibliothèque de philosophie scientifique et qui s'intitulait *La Vie et la mort du globe*.

Au strict point de vue philosophique, la démarche du Dr Jaworski n'était pas absurde; elle reposait simplement sur une conception originale de la vie. Néanmoins, il y a beaucoup à parier que les lecteurs de ce médecin prirent l'auteur au mot et conclurent hâtivement que la terre était, en quelque sorte, un être vivant, voire même un animal cosmique...

Les sciences et la philosophie revues et corrigées par Louis Jacot

Louis Jacot était, selon ses propres termes, un " rond-de-cuir " à l'estomac détraqué, mais dont le cerveau n'était heureusement pas fêlé. Ce qui, croyait-il, l'autorisait à penser plus juste qu'un grand nombre de ses contemporains, fussent-ils des scientifiques.

Dans la seconde moitié du XXe siècle, cet homme écrivit plusieurs ouvrages consacrés à l'astronomie, la physique, la biologie et la philosophie. Dans le premier, que développèrent abondamment les autres, il expliqua l'origine de sa démarche intellectuelle. Simplement, il n'avait pu trouver *dans un seul ouvrage* toutes les réponses précises qu'exigeaient les questions pertinentes que son fils lui avait posées à partir d'un certain âge. Aussi, en dépit de ses maigres loisirs, ce père bien intentionné s'était-il replongé dans les études et avait-il digéré, à sa façon, une multitude de livres divers.

Cette démarche est classique : du haut de sa toute neuve "compétence", dont il veut être seul juge, le penseur original ne manque jamais de mettre le doigt sur des "évidences" que nul autre avant lui, croit-il, n'avait soupçonnées et ce qu'il découvre alors n'est généralement qu'une des nombreuses erreurs dont ses prédécesseurs, mieux éclairés que lui, ont fait table rase depuis longtemps.

En bon chercheur parallèle, Louis Jacot contesta la manie qu'ont les scientifiques de mettre tout en formules mathématiques ou chimiques ce qui, paraît-il, leur masquerait peu à peu la vérité et les faits les plus évidents. Bref, les formules ne plurent pas davantage à M. Jacot qu'aux autres originaux de son espèce, car elles agissent sur eux comme de véritables épouvantails. Persuadé donc que toutes ces formules incompréhensibles n'étaient qu'un écran fumigène destiné à cacher l'ignorance des scientifiques, Louis Jacot se mit à chercher des explications et non des équations (*dixit* Jacot). Aussi se tourna-t-il vers... la philosophie! Ainsi, il repensa le monde, seul dans son coin, et réinventa les sciences puis la philosophie elle-même.

Du vaste tohu-bohu de ses connaissances hétéroclites, il fit jaillir, peu à peu, des synthèses nouvelles, lumineuses — pour lui! — de simplicité. Dans son premier ouvrage *L'Univers en marche* dont la seconde édition parut aux Nouvelles Éditions Latines en 1952, Jacot commença par expliquer que les planètes étaient toutes sorties du Soleil, périodiquement, et qu'elles s'en éloignaient progressivement. Partant de cette "trouvaille" et en se basant sur la vitesse d'éloignement de la Terre par rapport au Soleil (?), il assigna à notre planète un âge de cent cinquante mille ans seulement! Ce qui imposait une révision complète de la préhistoire et de la géologie. Bien sûr, les lunes tournant aujourd'hui autour de certaines planètes naquirent de la même façon en se détachant de leur planète mère. Notre Lune, selon M. Jacot, se serait ainsi détachée de la Terre en provoquant de grandes catastrophes à l'échelle planétaire. On l'aura deviné, c'est ici que la destruction de l'Atlantide et le déluge universel viennent se couler dans le moule des conceptions cosmogoniques de Louis Jacot. Poursuivant plus avant encore, il démontra que le mouvement des astres avait beaucoup varié au fil des âges. La Lune avait jadis tourné beaucoup plus vite autour de la Terre et cette dernière aurait eu, également, une rotation bien plus rapide. Pareille " démonstration " expliquerait, bien entendu, la longévité des patriarches antédiluviens. Cette longévité n'aurait pas été une exagération, mais bien une réalité relative à un calendrier très différent du nôtre.

Ni la gravitation de Newton, ni la relativité d'Einstein pas plus que le système périodique des éléments de Mendeleïev ne trouvèrent grâce aux yeux de Louis Jacot. C'est même sur Einstein et Newton qu'il s'acharna le plus dans les ouvrages qu'il publia.

L'art de piper les dés en quatre volumes : Charles Fort

Charles Hoy Fort naquit à Albany le 9 août 1874. En 1908, il délaissa la taxidermie pour se livrer aux joies de la compilation des informations insolites. Année après année, il empila dans des boîtes de carton des fiches qu'il composait en parcourant tous les journaux et périodiques de vulgarisation scientifique de son temps.

En 1919, il publia son premier livre, *The Book of the Damned*, dont le contenu tout autant que le style à la fois décousu et saugrenu firent scandale. Imaginez un livre où il n'est question que de pluies de sang, de soufre, de crapauds, de poissons et d'encre ou d'objets incongrus traversant l'espace et se profilant, parfois, sur la Lune ou le Soleil. Et tous ces sujets dans le plus parfait désordre, se mêlant, s'égrenant, devrait-on dire, dans un torrent de commentaires sarcastiques, l'auteur paraissant considérer les sciences comme un abîme insondable d'absurdités.

Cet ouvrage contenait une foule de données intéressantes et même passionnantes sur lesquelles les spécialistes se penchaient depuis longtemps sans pouvoir, toujours, apporter des réponses et des explications complètes. Pour Fort, comme pour tous les chercheurs parallèles, les hésitations prudentes des hommes de science étaient autant d'aveux d'ignorance vis-à-vis de la compréhension des phénomènes de la nature. Voilà pourtant ce qui distingue précisément l'homme de science du chercheur parallèle : le premier sait reconnaître ses limites et s'oblige par conséquent à avancer avec prudence, tandis que le second qui veut avoir, vite, réponse à tout, fonce, crée à mesure des besoins de nouvelles théories et dénonce des conjurations du silence. La paranoïa est en effet le commun dénominateur de tous les chercheurs parallèles.

Dès 1923, Fort publia un second ouvrage : *New Lands* où il développa longuement ses critiques à l'encontre de l'astronomie. À l'en croire, les astronomes perdaient leur temps et n'étaient que des fumistes. Leurs calculs ne valaient rien; mieux, ils étaient faux et dénués de fondements. Les comètes n'étaient pas périodiques, pas plus que les essaims de météorites; les planètes étaient moins éloignées qu'on le disait, la Lune était très proche de la Terre et notre planète n'accusait aucune courbure visible.

Que reste-t-il de toutes ces allégations, aujourd'hui que la sonde Voyager est allé visiter, avec une précision extraordinaire, les planètes les plus éloignées de notre système ? Et comment réalisa-t-on des clichés "à bout portant" de la comète de Halley ? Par pur hasard ?

Fort appuyait sa négation de la courbure terrestre sur des "expériences" réfutées par l'astronome Proctor dès 1878. Il est vrai que Fort considérait que Proctor était un imbécile ! Idem pour l'impossibilité de prévoir exactement le retour des comètes : Arago avait clairement expliqué la chose dans ses œuvres; et Fort qui y avait puisé des informations les avait donc lues. En paraissant ridiculiser les astronomes à l'aide d'arguments que ces derniers avaient réfutés depuis longtemps et qu'il connaissait, Fort trompait donc sciemment ses lecteurs pour le seul plaisir de jouer une méchante comédie sur laquelle nous allons revenir bientôt... [1]

1. ARAGO, *Astronomie populaire*, Paris, Gide, 1855, t. 2, Livre XVII, chap. XV; PROCTOR (R.), *Myths and Marvels of Astronomy*, London, Chatto, 1878, p. 277-278.

En 1931, ce champion de l'incohérence érigée en système scientifique acheva *Lo* (*Voici!*) où, à nouveau, il mélangeait tous les sujets imaginables. Ce fut encore pire dans *Wild Talents* qui parut posthumement en 1932 et où l'on peut trouver toutes sortes de sujets que l'on classerait aujourd'hui dans la parapsychologie et l'occultisme.

Fort décéda le 3 mai 1932, à New York. En 1931, Tiffany Thayer créa la Fortean Society. Martin Gardner a constaté, sans doute avec raison, que cette Fortean Society ne fut jamais qu'une plaisanterie " hénaurme " dont une des caractéristiques était précisément de faire *comme si* tout cela était très sérieux. Bien que de moins en moins active, la Fortean Society existe toujours, rassemblant, comme jadis le fit Fort, toutes les données qui *paraissent* être autant de camouflets aux chercheurs scientifiques.

La pire ennemie de Charles Fort fut et restera toujours la classification. Sans aucun doute, ce pseudo-iconoclaste savait qu'en ordonnant de façon sensée toutes les données qu'il avait accumulées le mystère se dissiperait pour faire place à une compréhension de plus en plus évidente des phénomènes. Il devait aussi savoir que tout ce qui n'était pas encore expliqué de son temps le serait tôt ou tard. Alors, tout simplement, il profita au maximum de ce moment de répit pour s'amuser aux dépens de ceux que, très probablement, il jalousait. C'est essentiellement par calcul que Fort présenta toujours ses données dans le plus parfait désordre (ce dont témoigne l'index dressé pour l'ensemble de ses quatre volumes). En outre, quand cela lui parut utile, il sollicita et déforma les faits (voir plus loin quelques exemples). Afin de noyer les scientifiques dans un bain de sarcasmes, il créa de toutes pièces une ambiance de dérision dans ses livres. Il inventa, pour la même raison, une cosmographie délirante à laquelle lui-même ne croyait pas, mais dont l'absurdité criante pouvait donner le change, grâce à une bonne dose d'humour, aux démonstrations souvent extrêmement complexes de la science. L'avantage des thèses de Fort, c'était qu'elles pouvaient être comprises par tous et qu'elles oscillaient sans cesse aux limites de la farce la plus grosse. Fort, qui n'avait même pas fait d'études secondaires ne pouvait se moquer des scientifiques qu'en pipant les dés du jeu et en créant ses propres règles. Celles qui, bien entendu, lui convenaient : la dérision, l'affirmation gratuite, la farce.

Cette comédie à laquelle il se livra ne fut sans doute pour lui qu'une revanche par rapport à l'échec de sa vie intellectuelle. S'il choisit de piper les dés, c'est parce que cette méthode convenait parfaitement à sa nature : petit, déjà, il changeait les étiquettes des boîtes de conserve pour engendrer le trouble, l'agacement et la déconvenue dans l'esprit des adultes. Toute son œuvre fut à l'image de cette plaisanterie de gamin mal élevé.

Fort a toujours trouvé chez les chercheurs parallèles de tous bords un nombre incroyable de disciples prêts à brandir ses quatre volumes de mensonges, de trucages et de mystifications pour démontrer la valeur de leurs thèses. Ces quatre livres ont été plusieurs fois réédités y compris sous la forme d'un gros « pavé » les regroupant tous et intitulé pour la circonstance : *The Books of Charles Fort.*[1]

1. GARDNER (M.), *Les magiciens démasqués*, p. 55-67; FORT (C.), *Le livre des damnés*, Introduction.

LA VIE AILLEURS

Les origines

L'idée d'une présence intelligente sur la Lune et les planètes de notre système solaire est déjà ancienne, mais c'est dans les années 1950 et 1960 qu'elle réapparut avec force pour expliquer l'origine des soucoupes volantes qui faisaient alors beaucoup parler d'elles.

Les amateurs de soucoupes volantes qui se sont baptisés "ufologues" (de U.F.O., l'équivalent d'O.V.N.I. en anglais) cherchèrent à étayer la thèse de l'origine extraterrestre des O.V.N.I. en se mettant en quête de faits étranges se rapportant à la Lune et aux planètes de notre système solaire. On va le voir, tout fit farine à leur moulin...

C'est tout naturellement vers les compilations hétérodoxes de Charles Fort qu'ils se tournèrent. Ils y dénichèrent une foule d'événements lumineux et colorés qui avaient été signalés à la surface de la Lune, Mars, Vénus et Jupiter. Ils apprirent aussi que des quantités de corps inconnus avaient été aperçus se profilant sur les disques solaire ou lunaire...

Benoîtement, ces amateurs d'étrange recopièrent tous ces "mystères" en les déformant un peu parfois par mégarde ou en les enjolivant consciencieusement pour mieux convaincre encore. Ces gens étaient si convaincus d'agir dans l'intérêt du progrès scientifique qu'ils ne voyaient aucun mal à procéder ainsi !

Quand ils eurent épuisé l'œuvre de Charles Fort, ces bricoleurs de l'insolite plongèrent sans aucun discernement sur tous les livres d'astronomie qui leur tombèrent sous les mains. Ils n'y comprenaient pas toujours grand-chose, mais il suffisait que leurs regards tombassent sur une phrase du genre " ... n'a pas encore été expliqué " pour qu'aussitôt la liste de leurs " mystères " s'allongeât. Comme toujours, confondant qualité et quantité, les chercheurs parallèles crurent que l'évidence à propos de la vie sur les astres proches serait d'autant plus frappante que leurs listes d'étrangetés seraient plus longues.

Au royaume des aveugles, dit-on, les borgnes sont rois, et c'est tristement vrai! Mais au royaume des astronomes, les ufologues, eux, ne furent jamais que des aveugles. Ne comprenant rien, parfois, à ce qu'ils lisaient, ils se payèrent même le luxe de prendre pour des énigmes insolubles des choses qui étaient parfaitement limpides pour les spécialistes. Ainsi, par exemple, les dômes lunaires...

Chaque discipline scientifique possède sa terminologie spécifique, son langage propre qui n'est accessible et compréhensible qu'à ceux qui sont compétents en la matière. En géologie, on appelle " dôme " certaines formations géologiques d'origine volcanique. Les sélénologues et les sélénographes empruntèrent tout naturellement ce terme pour décrire et identifier de semblables formations sur la Lune. Ils parlèrent donc de " dômes lunaires ". Les ufologues ne comprirent pas. Des dômes sur la Lune; mais c'est extraordinaire, pensèrent-ils, ... et ces astronomes qui *feignent* de ne pas s'en étonner!

Et les ufologues d'imaginer derechef autant de bulles artificielles en forme de dômes construites par les sélénites ou des extraterrestres utilisant la Lune comme base spatiale...

Dans son livre *Soucoupes volantes, affaire sérieuse*, parue en version française chez Laffont, le journaliste-ufologue américain Frank Edwards affirma (p. 178)qu'on avait observé pour la première fois des dômes lunaires en 1930. C'était assez exact; et même, à partir de cette date, grâce aux perfectionnements incessants des techniques d'observation, on en trouva toujours davantage. C'est ce que Frank Edwards signala également; mais il crut comprendre que ces découvertes incessantes démontraient une sorte de " boom " dans la *construction* de ces structures qui, pour lui, ne pouvaient bien entendu qu'être artificielles. Pour mieux convaincre ses lecteurs, le journaliste ajouta : " Ce ne sont pas des collines, car celles-ci n'ont pas l'habitude d'apparaître pour disparaître ensuite. " L'argument aurait été d'un grand poids s'il avait témoigné d'une quelconque réalité; hélas pour Edwards, on n'a jamais vu un dôme lunaire disparaître sans laisser de trace! Ce qui fut rapporté, parfois, ce fut l'impossibilité d'apercevoir certains reliefs de la surface lunaire par suite de la présence d'une brume ou d'un voile de poussière d'origine volcanique. On a aussi signalé des reliefs lunaires présentant, selon les moments, des apparences très différentes; mais celles-ci résultaient simplement de jeux d'ombres et de lumière engendrés par un éclairage très variable.

À propos de ces " énigmatiques " dômes lunaires, Edwards ne cita qu'une seule référence bibliographique : *Sky and Telescope* de janvier 1958. Nous avons consulté ce numéro de la prestigieuse publication astronomique afin d'y découvrir le croquis du beau dôme hémisphérique dont avait parlé le journaliste. Nous avons bel et bien découvert un croquis de dôme lunaire; mais le cratère sommital qu'il porte indique immédiatement son origine volcanique.

Voilà tout ce que Frank Edwards avait à proposer en guise de dôme artificiel sur la Lune!

La même chose s'est produite pour les phénomènes lunaires transitoires (*transient lunar phenomena* = T.L.P. dans le jargon des spécialistes). Un phénomène transitoire, une lumière qui apparaît puis disparaît, ne pouvait être, dans l'esprit des ufologues, un phénomène naturel. Autant de T.L.P., autant de signes " évidents " d'une présence extraterrestre sur la Lune. La belle démonstration! En fait, depuis Charles Fort, les astronomes avaient tout de même pas mal progressé : ainsi avaient-ils pu établir que les T.L.P. n'apparaissaient pas au hasard... Nous ne nous étendrons pas trop sur ce sujet qui est à l'origine de nombreuses études complexes dans la presse scientifique. Nous dirons simplement qu'il est établi aujourd'hui que les T.L.P. sont des événements parfaitement naturels d'origine complexe. Nous résumerons outrancièrement en précisant que des gaz s'échappent périodiquement du sous-sol lunaire et que ceux-ci, comme certaines substances présentes à la surface du sol, peuvent s'illuminer sous l'influence du rayonnement solaire. En bref, les T.L.P. sont des phénomènes physico-chimiques, sans plus. Tout ceci n'empêcha pas le professeur Alfred Nahon, psychologue et ufologue, d'accorder la plus grande importance à un catalogue chronologique de T.L.P. publié aux États-Unis et composé par Patrick Moore et Barbara Middlehurst. Précisons : ce catalogue fut composé à des fins statistiques. Car c'est grâce aux statistiques, justement, que l'on a pu déterminer l'exacte origine des T.L.P. En aucun cas ce catalogue n'est un document plus ou moins confidentiel concernant les O.V.N.I. ! Précisons encore, car cela est important : Alfred Nahon n'est ni psychologue ni professeur ; c'est un self-made man qui s'est lui-même titré. Étonnant ? Pas tant que cela ! Les sciences parallèles regorgent de faux professeurs et de faux responsables d'instituts ou de laboratoires ! C'est le cas, par exemple, pour beaucoup de "savants" russes dont la littérature pseudo-scientifique cite souvent les "travaux" ; mais c'est aussi vrai chez nous. Par exemple, le professeur Yves Lignon qui se dit responsable d'un laboratoire de psychologie n'est autre qu'un assistant en mathématiques à l'Université de Toulouse. Son "laboratoire" se limite à son seul bureau personnel et son titre de professeur est usurpé.[1]

Des soucoupes dans Platon et Aristarque

En 1923, dans le vingtième chapitre de son livre *New Lands*, Charles Fort rapporta que dans la seconde partie du XIXe siècle l'astronome Birt avait observé les plus étonnantes variations lumineuses dans le cratère lunaire Platon. Selon Fort, cet astronome avait déposé à la bibliothèque de la Royal Astronomical Society un volumineux rapport concernant ces changements extraordinaires. Avec son style bien personnel, Fort suggérait que ces manifestations colorées auraient pu être une forme de langage.

Trente ans plus tard, en 1953, Desmond Leslie, un neveu de Churchill, reprit cette information dans son livre *Flying Saucers have landed* qu'il cosigna avec un certain George Adamski qui se

1. *Bulletin de l'A.F.I.S.*, Paris, mai-juin 1986, p. 20.

rendit célèbre en prétendant avoir eu de nombreux contacts avec les pilotes de soucoupes volantes.

Ce livre qui devint un des plus grands succès ufologiques fut publié en français, à l'époque, aux éditions La Colombe et a été réédité, depuis, chez J'ai lu sous son titre original *Les Soucoupes volantes ont atterri*.

Dans ce livre, Desmond Leslie s'aventura encore plus loin que Charles Fort en précisant que Birt avait vu *des corps mouvants*. Et de conclure : " Personne ne semble avoir analysé ces observations; une telle analyse aurait pu nous apporter la connaissance d'un langage plus ancien que le Sansar ainsi que les signaux de reconnaissance et les codes en vigueur chez les voyageurs de l'espace… "

Question : compte tenu de ce qu'il disait, pourquoi M. Desmond Leslie n'avait-il pas entrepris " l'analyse " de ce rapport ? Avait-il seulement cherché à le consulter ?

Par la suite, d'autres ufologues emboîtèrent le pas à Fort et Leslie, chacun faisant comme si le rapport de Birt était tenu secret et par conséquent inaccessible, voire même " perdu ".

Eh bien non, le rapport de l'astronome Birt est toujours là, à sa place, dans la vaste bibliothèque de la Royal Astronomical Society. Nous y avons été très courtoisement accueilli, en juin 1974, et, après avoir expliqué nos intentions, nous avons pu obtenir une *copie intégrale de ce document*, copie qui repose toujours dans nos archives.

Le rapport de l'astronome Birt est long de cent quatre pages recouvertes d'une écriture fine et peu lisible. Il traite *exclusivement* des différents aspects que prend le cratère Platon à mesure que l'éclairage solaire se déplace. Voilà tous les *changements* "extraordinaires" (!) qu'observa minutieusement M. Birt. De telles observations, pour anodines, voire même inintéressantes qu'elles paraissent, étaient, à l'époque, d'une grande utilité pour juger, avec précision, des caractéristiques du relief lunaire. Elles étaient la base même de toutes les études sélénographiques.

Ce rapport fut mentionné à l'époque ici et là dans la presse spécialisée. C'est là, probablement, que Charles Fort eut son attention attirée par lui. Sans même l'avoir consulté, il supputa ce qu'il devait contenir (ne disait-on pas que Birt avait signalé tous les *changements* intervenus dans le cratère lunaire Platon durant une longue série d'observations). Leslie suivit la même voie en ajoutant, au passage, quelques divagations de son cru. C'est ainsi que ces gens-là font de la "recherche" ! Voilà comment, après s'être persuadés eux-mêmes qu'on leur cache la vérité ils tentent (et réussissent souvent, hélas) de convaincre leurs naïfs lecteurs que la vérité n'est pas contenue dans les déclarations censurées que débitent tous les scientifiques du monde. Ainsi crée-t-on ou amplifie-t-on la paranoïa chez les uns et les autres...

Mais voici une autre extravagance commise par les deux mêmes protagonistes...

Toujours dans *New Lands*, au chapitre XXVIII, Charles Fort mentionna un événement extraordinaire, inouï même : le 23 novembre 1887, des lumières étaient apparues partout sur la Lune et s'étaient dirigées vers un grand triangle lumineux situé au centre du cratère Platon. Après avoir franchi les remparts du cratère, ces lumières s'étaient fondues dans la masse triangulaire lumineuse. À croire qu'il y avait eu, ce jour-là sur la Lune, une réunion au sommet...

Leslie recopia cela dans son ouvrage, mais il oublia de mentionner l'unique référence bibliographique donnée par Fort. Cette référence était précise : *L'Astronomie*, 1888, page soixante-quinze.

Par bonheur, l'année 1888 de cette publication créée en 1882 par Camille Flammarion figure, avec d'autres, sur les étagères de notre bibliothèque personnelle. Aussi pouvons-nous à chaque instant démontrer que Charles Fort était un menteur! Dans le présent cas, il a sollicité scandaleusement le texte qu'il osa citer comme référence. En effet, en page soixante-quinze de l'année 1888 de *L'Astronomie*, il est simplement fait mention d'une observation curieuse faite par Spiessen et rapportée par le Dr Klein dans la revue *Sirius*. Nulle part dans l'article il n'est question de points lumineux mouvants ou non apparus sur toute la surface de la Lune. Il est par contre fait mention d'une zone triangulaire, mais elle n'est en rien l'espèce de base spatiale qu'on aurait pu imaginer en lisant Fort et Leslie. Qu'on en juge : “L'intérieur du cratère était complètement sombre, sauf une bande lumineuse de forme triangulaire, commençant vers le tiers de la longueur environ, et s'étendant vers le bord est, un peu au sud et large de $1^{1/2}$" environ. Vers le milieu de la bande une ligne plus sombre semble se diriger vers l'est.”

C'est tout.

Le fameux triangle lumineux magnifié par la plume de Charles Fort n'était qu'une zone illuminée par le soleil. Mais, nous dira-t-on, pourquoi donc *L'Astronomie* définit-elle cette observation comme “curieuse”? Là encore, il faut avoir l'habitude du jargon des sélénographes. Toute observation était jadis réputée “curieuse” quand l'objet (au sens large du terme) observé n'avait pas son apparence habituelle. Beaucoup d'observations étaient par conséquent qualifiées de curieuses, mais cela ne gênait en rien les sélénographes, au contraire, car de telles observations, qui attiraient immédiatement leur attention, permettaient de mieux comprendre les particularités du relief lunaire.

Par acquis de conscience, nous avons également consulté sur ce sujet précis le *Chronological Catalog of Reported Lunar Events* dont nous parlions plus haut et qui fut édité par la N.A.S.A. sous le n° TRR 277 (on peut en trouver une traduction dans l'ouvrage d'Alfred Nahon intitulé *La Lune et ses défis à la science* paru en 1973 aux éditions du Mont Blanc).

À la date du 23 novembre 1887, date de l'événement dont il est question dans *L'Astronomie*, nous n'avons rien trouvé dans le catalogue de la N.A.S.A qui fut rédigé, rappelons-le, par Patrick Moore et Barbara Middlehurst. L'événement est pourtant signalé, mais erronément, à la date du 23 novembre 1888. Comme quoi même les scientifiques font des erreurs quand ils recopient les commentaires de leurs prédécesseurs...

Mais voici encore un autre exemple d'exagération dont les ufologues sont prolixes...

Le soir du 29 octobre 1963, à l'observatoire de Lowell, l'astronome Greenacre observait les régions lunaires d'Aristarque, d'Hérodote et de Schroeder. À dix-huit heures cinquante, il vit deux taches rouges distantes de quarante-cinq kilomètres qui apparaissaient sur les sommets de deux monts situés de part et d'autre de la Vallée Schroeder. La plus petite tache mesurait 2,7 kilomètres de diamètre, tandis que la plus grande qui était ovale s'étendait sur 2,7 x 9 kilomètres. Toutes deux devinrent très brillantes. Greenacre appela son collègue Baar. Ils virent alors apparaître une troisième tache, rose et brillante. À dix-neuf heures, les deux premières avaient perdu leur éclat et dix minutes plus tard elles disparaissaient. La troisième s'évanouit cinq minutes après.

Le 27 novembre de la même année, les deux astronomes, qui cette fois étaient accompagnés du directeur de l'Observatoire, virent une tache allongée, perchée sur les remparts du cratère Aristarque. Le phénomène dura soixante-quinze minutes. Averti, un autre observateur pointa son téléscope vers cette région et confirma l'observation. On a dit que des clichés avaient été pris; mais à notre connaissance il n'en fut jamais question dans les déclarations de Greenacre.

Greenacre et son collègue assistèrent à un magnifique T.L.P. dont, à l'époque, la presse parla en termes évidemment confus. Les imaginations vagabondèrent, en particulier celle du révérend Guy J. Cyr, un "spécialiste" des phénomènes lunaires inexpliqués. Cet homme affirma que trente et un objets lumineux avaient été observés par Greenacre. Certains étaient cylindriques, d'autres ronds et quelques-uns avaient la forme de gigantesques U. Ils étaient groupés, continua Guy J. Cyr, en cinq formations géométriques distinctes et ils se déplaçaient et clignotaient selon un rythme trahissant un contrôle intelligent. Toujours selon le même imaginatif, Greenacre aurait d'abord pensé que... les Russes étaient arrivés les premiers sur la Lune![1]

---

1. DOLLFUS (A.), *Moon and Planets*, Amsterdam, North Holl. Cy., 1968, p. 421-425 et 450-457; KOPAL (Z.), *The Moon*, Dordrecht, Reidel, 1969, chap. 22 et notes; *Sky and telescope*, Cambridge, December 1963; *Courrier Interplanétaire*, Ferney, n° 73; *Flying Saucer Review*, London, March-April 1965 and November-December 1965; *Orbit*, London, July 1966, p. 18-19.

C'est en vain que nous avons cherché dans l'énorme littérature spécialisée de l'époque des croquis qui laisseraient penser que Greenacre observa autre chose que les taches dont nous avons parlé plus haut. Nous avons toujours trouvé le même croquis explicatif sans la moindre trace des nombreuses "formations géométriques" dont parla le révérend Cyr. Tout indique que ce dernier inventa toutes ces "précisions". Quant à la remarque à propos des Russes sur la Lune, elle est, à l'évidence, totalement apocryphe : jamais un astronome n'aurait pu penser une chose aussi incongrue. Il n'empêche : en 1983, dans son livre *Les extraterrestres et les mutations mondiales de l'ère du Verseau*, publié chez Buchet Chastel, Alfred Nahon faisait encore grand cas de ces racontars.

Un pont sur la Lune

Le 29 juillet 1953, John O'Neill, un astronome amateur qui était aussi chroniqueur scientifique au *New York Herald Tribune*, annonça qu'il venait de découvrir une arche au niveau d'Olivium, un cratère lunaire en forme de matras. En août, le célèbre astronome Wilkins confirma la présence d'une ombre en forme de demi-cercle qui faisait effectivement augurer de la présence d'une arche rocheuse dans un des deux remparts parallèles qui prolongeaient le cratère proprement dit. Peu de temps après, Patrick Moore confirma l'observation de Wilkins. Selon O'Neill qui ne disposait que d'un petit instrument, l'arche devait avoir une portée de dix-huit kilomètres. Wilkins rectifia ce chiffre en avançant un autre, beaucoup plus raisonnable : trois kilomètres. À la B.B.C., l'éminent astronome eut le malheur de prononcer le mot "bridge" (pont). Il n'en fallut pas davantage pour que l'imagination des chercheurs parallèles se mît à galoper. Il s'agit d'un pont, clamèrent-ils, *donc* d'une structure artificielle qui avait une portée de trois, non de trente, voire même trois cents miles !

Parmi les astronomes, pourtant, on ne s'émouvait pas. On discutait pour savoir s'il s'agissait d'une véritable arche rocheuse ou de deux promontoires très rapprochés.

Insistons sur le fait patent qu'aucun des trois *observateurs* de cette *ombre* ne fut jamais tenté de parler d'une découverte bouleversante. Aucun d'eux ne considéra évidemment jamais cette ombre comme révélatrice d'une structure artificielle. Les seuls qui pensèrent à cela n'étaient pas des astronomes. Cette certitude leur vint d'une interprétation *abusive* d'un mot qui peut aussi bien désigner une structure artificielle (pont) qu'une structure naturelle (arche).[1]

Des constructions sur la Lune

Quand les chercheurs parallèles purent disposer des remarquables photographies lunaires qui furent prises par des sondes automatiques puis, ensuite, par des astronautes, ils "découvrirent" que la Lune était remplie de constructions diverses.

Nous avons comparé les documents qu'ils ont proposés aux *milliers* de photographies publiées dans des catalogues que la N.A.S.A. voulut bien nous envoyer (missions Apollo) ou qui furent publiés par le Government Printing Office de Whashington (par exemple le *Lunar Orbiter photographic Atlas of the Moon*).

Nous avons ainsi découvert que, dans la plupart des cas, les "étranges objets" signalés par les chercheurs parallèles n'étaient que d'évidents défauts photographiques (taches, bavures, etc.), des reflets parasites dans les objectifs ou des structures parfaitement naturelles confondues avec des structures artificielles par suite d'une mauvaise qualité des *reproductions* utilisées.

Ainsi, par exemple, H.C. Petersen a-t-il vendu, il y a quelques années, un lot de diapositives sur lesquelles, selon lui, se trouvaient un grand nombre de constructions lunaires. Or, en comparant ses mauvaises reproductions avec les excellents clichés dont nous disposons, nous avons pu identifier une "centrale hydro-électrique" à un cratère situé en bas d'une crevasse illuminée partiellement par le soleil; divers cigares volants et soucoupes

1. WILKINS (H.P.), *Les mystères de l'espace et du temps*, Paris, Payot, 1956, p. 58-59; *Sky and Telescope*, Cambridge, April 1954, p. 205.

volantes à des taches; des lacs à des cratères au fond sombre mais irrégulier; des fumées et des " engins " posés sur des sommets à des montagnes et des collines dont seul le sommet était éclairé, etc.

On pourrait écrire un livre entier — et nous l'écrirons peut-être un jour — pour montrer quel monument d'inepties les chercheurs parallèles ont érigé à force de vouloir, à tout prix, voir sur des photographies de la Lune, de Mars, Mercure et Vénus, des choses qui ne s'y trouvent pas. Dans le genre, la palme revient sans aucun doute possible à George Leonard dont le livre *Somebody Else is on the Moon* fut traduit en français chez Belfond en 1978 sous le titre *Ils n'étaient pas seuls sur la Lune*. Dans cet ouvrage on trouve quelques photographies que l'auteur prétendait être des originaux N.A.S.A. reproduits par lui pour la première fois. Or, ces clichés étaient très connus et, comme l'indiquait leur piètre qualité, ils devaient être des reproductions tirées d'ouvrages de vulgarisation. Sur ces clichés, on ne voyait RIEN de ce que l'auteur écrivait qu'on y distinguait, à savoir des engrenages, des symboles d'une écriture inconnue, une machine grande comme la moitié de Paris dotée d'un arbre de transmission dépassant d'un pignon, des prises électriques, une station service et même une " machine qui lève la jambe ".

Cent fois les chercheurs parallèles l'ont prétendu : la N.A.S.A. n'a pas publié toutes les photographies qui furent prises et quand elle en a publié, elles furent préalablement retouchées.

Cet argument est insensé.

D'une part, il faut savoir que les photographies de la N.A.S.A. sont *du domaine public*. Si donc on désire en acquérir, il suffit de s'adresser à la bonne porte et de payer le prix prévu par un tarif précis. Pour acquérir une photo particulière, il suffit d'en donner le numéro. Ce dernier peut-être repéré dans des catalogues disponibles à la N.A.S.A., dans certains observatoires et universités ou même dans certains ouvrages d'informations publiés par le Government Printing Office de Washington.

Retoucher des photographies serait quelque chose d'impossible vu le grand nombre d'experts qu'il faudrait réunir pour une telle tâche. Supposons en effet que l'on veuille faire disparaître de toutes les photos de la Lune les gigantesques constructions qui sont censées s'y trouver. À la cadence où les photographies furent publiées jadis, il aurait fallu réunir dans des laboratoires spécialisés une armée de techniciens qualifiés, capables de retoucher tous les clichés en tenant compte des cartes, des croquis lunaires existants et sans commettre aucune erreur aisément repérable par des spécialistes en géologie. C'est totalement impensable et ridicule; mais c'est ce qu'ont souvent affirmé des chercheurs parallèles.

Le mythe de la censure des documents astronomiques fut tel, jadis, qu'on crut bien qu'il existait un document astronomique qui avait été dissimulé au public en raison de ses extraordinaires caractéristiques. Cette histoire mérite d'être contée...

Le 5 février 1960, à dix-sept heures vingt-cinq, à la B.B.C., Desmond Leslie déclara qu'il possédait une photographie du cratère lunaire Gassendi qui, avec ses lignes parallèles et ses formes géométriques, ressemblait à une base spatiale. Il continua en précisant qu'il avait montré ce document à l'astronome Wilkins qui lui avait répondu que parfois il lui était arrivé d'observer des objets qui après avoir quitté le cratère par des tunnels creusés dans ses remparts avaient poursuivi leur course dans l'espace. Et Wilkins aurait ajouté après cela, mi-moqueur, que ces objets ne pouvaient qu'être des taches dans ses yeux.

Leslie réitéra toutes ces affirmations dans une réédition de son livre consacré aux soucoupes volantes et dont la traduction, comme nous le disions plus haut, est disponible aux éditions J'ai lu.

Ces déclarations furent le point de départ d'un grand mystère qu'Alfred Nahon cultiva pendant plusieurs années : existait-il quelque part une photographie d'un cratère-base spatiale? Certainement oui! Et on la cachait!

C'est en 1973 qu'Alfred Nahon publia enfin le fameux cliché après avoir réussi à l'obtenir. Ce fut pour lui une exclusivité... dont il aurait mieux fait de se passer. En effet, quand nous reçûmes l'exemplaire dédicacé que l'auteur nous fit parvenir pour nous remercier de lui avoir transmis quelques documents photographiques, nous eûmes un choc : cette photo du cratère Gassendi n'en était pas une!

Une fouille rapide dans nos archives nous permit de retrouver un *dessin* signé par l'illustre astronome Krieger. Ce document avait été publié par la revue *Sky and Telescope* en février 1961. Or, c'était ce dessin que publiait Alfred Nahon en couverture de son ouvrage. Krieger avait une technique particulière pour exécuter ses dessins : il partait d'une photographie télescopique qu'il retouchait sans cesse, couche après couche, jusqu'à arriver à un résultat très proche d'une photographie de grande qualité n'ayant aucun des défauts que présentent les photographies télescopiques.

Chose intéressante, la partie du dessin sur laquelle figurait la signature de Krieger avait été coupée sur le document publié par Alfred Nahon. Nous avons des raisons sérieuses de croire que ce dernier n'était pour rien dans cette tromperie. Plus que certainement il croyait de bonne foi être en présence d'un document exceptionnel et avait en fait été abusé par la personne qui le lui avait recommandé. À moins que cette personne ne fut également la dupe d'un autre fripon...

Toujours est-il que mis promptement au courant de l'affaire, Alfred Nahon ne nous écrivit plus jamais. Il est des arètes qu'on ne peut avaler.

En consultant les ouvrages de Wilkins, nous ne trouvâmes aucune allusion à des événements particuliers observés au niveau de Gassendi. Nous eûmes alors la curiosité d'opérer certaines vérifications fondamentales... C'est ainsi que nous découvrîmes que le jour où Desmond Leslie fit au micro de la B.B.C. ses stupéfiantes révélations à propos de la conversation qu'il aurait eue avec Wilkins, ce dernier était décédé depuis quinze jours. Leslie ne risquait donc pas d'être démenti.[1]

---

1. LESLIE (D.) et ADAMSKI (G.), *Flying Saucers have landed*, London, Spearman, 1970, enlarged version, p. 138-139; WILKINS (H.P.) et MOORE (P.), *The Moon*, plate 3b; *Courrier Interplanétaire*, Ferney, n° 50, mai 1960, p. 1; *Flying Saucer Review*, London, 1960, March-April, p. 6.

LES SOUCOUPES VOLANTES

Une date mémorable : le 24 juin 1947

C'est très précisément en juin 1947 que naquit l'ufologie, à savoir la pseudo-science des soucoupes volantes.

C'est en effet à la fin de ce mois que l'imagination d'une grande quantité de gens s'enfiévra à la suite d'une observation aérienne singulière que M. Kenneth Arnold fit le 24 juin. Tandis qu'il se trouvait aux commandes de son avion personnel, non loin du Mont Rainier, cet homme avait cru découvrir une série de disques volants intelligemment contrôlés et d'apparence métallique qui volaient à très grande vitesse en formation bizarre. Ces objets, il les avait décrits en usant d'une formule qui allait devenir célèbre : on avait en effet parlé de "soucoupes volantes".

Malgré ce qu'on pensa à l'époque, ce n'était pas la première fois qu'on usait de cette expression. Elle avait déjà été utilisée en 1878 par un fermier texan, et le 14 août 1863 dans la *Gaceta* de Madrid pour décrire des phénomènes aériens non identifiés.[1]

Aux États-Unis d'abord puis, par contagion linguistique dans les autres pays dont la langue usuelle était l'anglais et ensuite seulement en France, dans d'autres pays d'Europe et, enfin, en U.R.S.S. et en Chine, beaucoup d'autres gens prétendirent aussi avoir vu des "soucoupes volantes"...

---

1. BOUGARD (J.C.), *La chronique des O.V.N.I.*, Paris, Delarge, 1977, p. 139; GARREAU (C.), *Soucoupes volantes, 25 ans d'enquête*, Tours, Mame, 1971, p. 19; SEARGENT (D.A.J.), *UFOs a scientific enigma*, London, Sphere, 1978, p. 17.

L'épidémie n'a pas cessé bien que les témoignages se soient prodigieusement diversifiés.

Au début, le gouvernement américain, l'armée et les services de renseignements réagirent à cette " hystérie des masses " en créant, coup sur coup, plusieurs commissions d'enquêtes secrètes ou simplement discrètes. Leurs membres furent choisis avec une certaine précipitation parmi des militaires et des fonctionnaires. Comme conseillers scientifiques, on choisit souvent des chercheurs de troisième catégorie, ceux dont on ne voulait pas dans les centres de recherche et qui étaient, par conséquent, fort heureusement " disponibles ". Les méthodes de travail étaient peu élaborées comme dans tout service administratif récemment créé.

Ces commissions d'enquêtes s'enlisèrent dans le magma protéiforme des observations imprécises, contradictoires, frauduleuses même. Toutes conclurent donc de façon ambiguë que si la plupart des cas pouvaient recevoir une explication plus ou moins définitive, il demeurait pourtant un " résidu " inexpliqué.

L'inexpliqué fut confondu avec l'inexplicable...

De partout, des originaux surgirent pour exiger que toute la vérité soit connue. Considérant que ce résidu de faits inexpliqués cachait quelque chose qu'on ne voulait pas dire aux gens, entreprirent leurs propres " enquêtes ". Elles furent généralement encore plus mauvaises que celles réalisées par les commissions officielles. La raison en était simple : les enquêteurs improvisés interrogeaient tous les témoins indirects, faute de pouvoir retrouver tous les témoins directs qui avaient été contactés par les commissions officielles. Les enquêteurs privés se heurtaient en effet à la discrétion des militaires, des policiers, des fonctionnaires. Ce qu'ils n'ont pu obtenir directement des témoins, les enquêteurs non officiels tentaient de le reconstituer indirectement ou... l'inventaient pour le plus grand bien de la vérité scientifique, croyaient-ils. Ainsi en vinrent-ils à contester les enquêtes officielles et à prétendre que la majorité des observations U.F.O. (ou O.V.N.I.) restaient inexplicables.

L'hypothèse extraterrestre étant la plus simple et la science-fiction étant déjà là pour en influencer favorablement l'acceptation au niveau du public, c'est elle que choisirent spontanément la plupart des premiers ufologues.

Tout naturellement, ils cherchèrent à prouver que les extra-terrestres existaient bel et bien. Pour ce faire, ils fouillèrent les écrits des astronomes à la recherche de "preuves" du genre de celles dont nous parlions dans le chapitre précédent. Parallèlement, des fumistes affirmèrent que des soucoupes s'étaient écrasées et que l'on y avait découvert des cadavres différents des humains. C'était la manière la plus simple de "prouver" que les soucoupes étaient réellement extraterrestres.

Pas de vie ailleurs?

Au XIXe siècle, la croyance en la pluralité des mondes devint quasi universelle. Un moment, on crut que toutes les planètes et même le Soleil pouvaient abriter des êtres sinon semblables à nous, du moins intelligents. On imagina quels pouvaient être leur apparence, leurs modes de vie, etc.

Cependant, peu à peu, à mesure que l'astronomie faisait des progrès, on abandonna l'idée que toutes les planètes fussent habitées. Pour notre système solaire, on ne garda qu'un peu d'espoir au sujet de Mars et Vénus. Mais cela n'empêchait nullement les astronomes de supputer, à grands renforts de statistiques, qu'il devait y avoir tout de même des milliards de mondes habités dans l'Univers. La découverte de substances organisées dans certains météorites, puis dans l'espace interstellaire renforça l'idée que la vie était apparue partout. La vie paraissait alors un phénomène universel inéluctable.

Hélas, on n'avait pas encore réalisé quel immense gouffre sépare une substance organisée d'une substance organique aussi élémentaire soit-elle. Et des quantités de substances organiques mises ensemble ne sauraient encore former une cellule vivante aussi primitive soit-elle!

Jusque vers les années 1960, on pensa que la nature avait tout prévu et qu'elle suivait un plan ordonné qui n'avait d'autre finalité que l'apparition inéluctable de la vie intelligente, partout. Cette opinion optimiste satisfaisait tout le monde : les athées qui voyaient dans ce plan ordonné un simple hasard qui leur permettait de nier Dieu; les philosophes plus ou moins panthéistes qui admettaient au sein même de la matière une sorte de Conscience faisant partie d'une Grande Pensée Directrice; enfin, les croyants, chrétiens ou autres, qui voyaient leur Dieu se profiler derrière le Plan.

Lentement, les astronomes déchantèrent.

Entre temps, en effet, l'astrophysique et la radio-astronomie avaient fait d'immenses progrès. L'Univers que l'on avait cru jusque-là assez simple (tout est relatif, bien sûr) se compliqua brusquement de jour en jour car de nouvelles espèces de corps célestes furent sans cesse découvertes. Quand aux nombreux essais de détection, par radio, de signes éventuels de vie intelligente, ils échouèrent tous.

Aujourd'hui, à mesure que le temps passe, les astronomes deviennent de plus en plus pessimistes. Ceux d'entre eux qui croyaient, il y a vingt ans, que la vie était répandue partout ont fait marche arrière depuis. L'analyse par ordinateur de tous les paramètres nécessaires à l'apparition et à l'entretien de la vie a montré que celle-ci pourrait bien être un fait à ce point rarissime qu'il aurait été unique.

À la lecture de ceci, certains de nos lecteurs vont sursauter. Comment? penseront-ils, nous voilà revenus en plein Moyen Âge! Ainsi, tous ces astres de l'Univers seraient là pour rien, sans raison. Nous serions les seuls êtres intelligents de la création. C'est impossible. La nature a horreur du gaspillage comme elle a horreur du vide. Si ces astres sont là, c'est qu'ils ont été créés pour abriter la vie.

Même des athées raisonnent parfois ainsi. C'est dire la force de la croyance en la pluralité des mondes...

La nature a horreur du vide et du gaspillage, dit-on. Voilà deux affirmations gravement erronées. La science a en effet prouvé depuis longtemps que l'univers est davantage constitué de vide que de plein.

La nature a horreur du gaspillage ? Voyez donc comme elle s'y prend pour assurer la reproduction des êtres. Pour quelques grains de pollen qui féconderont une fleur, le pin sylvestre envoie dans l'air, autour de lui, tant de grains de pollen que ceux-ci, à certaines époques, forment les fameuses pluies de soufre si chères à Charles Fort. Qu'on songe à présent à notre système solaire. On le sait, notre Soleil cessera un jour d'éclairer la Terre. Lentement, il va vers sa fin. Mais depuis sa naissance, c'est en tous sens, dans toutes les directions qu'il dégage une fantastique quantité d'énergie alors que l'ensemble des planètes n'occupe qu'une portion de l'espace réduite à un disque mince. Si la nature avait horreur du gaspillage, elle aurait inventé pour la reproduction des êtres ou la distribution des énergies des modes plus simples, plus efficaces. Affirmer aujourd'hui encore que la nature " est bien faite" et qu'elle a " horreur du gaspillage ", c'est prouver une ignorance grave. Il vaut la peine qu'on réfléchisse à certains sujets éminemment philosophiques qui touchent à l'évolution des êtres et des choses. Ainsi, réalise-t-on assez ce que sont certaines montagnes ? La masse entière de certaines d'entre elles, tout comme la masse entière de certains grands monuments du monde, est constituée de milliards et de milliards de cadavres d'animaux microscopiques. Certains terrains calcaires contiennent plusieurs millions de cadavres agglomérés dans un seul cube de trois centimètres d'arète. N'est-ce pas, en un sens, assez effrayant ? Quel est le but ? Qu'est-ce que ce " merveilleux " Plan (divin ou non) ? Mais voici plus fort encore : il est établi aujourd'hui que 99,9 % des nombreuses lignées évolutives qui apparurent sur la Terre depuis les origines se sont éteintes. 99,9 % d'essais ratés ! Il faut une belle dose d'optimisme ou d'inconscience pour soutenir, après cela, que la nature sait ce qu'elle fait et qu'il existe un plan dont la finalité est l'apparition et le développement d'une vie toujours plus intelligente.[1]

1. *Bulletin de l'A.F.I.S.*, Paris, n° 111-112, p. 7.

Que valent, face à ces réflexions, les discours des philosophes à propos de l'intelligence de la nature et les promesses des religions qui nous certifient que les desseins de Dieu sont impénétrables ? Aussi extravagante qu'elle puisse paraître à première vue, l'idée que la vie est un accident unique n'est pas absurde, bien au contraire. Elle est même si peu absurde qu'elle est en train de conquérir, peu à peu, les sphères scientifiques concernées par ce problème.

L'impossible hypothèse extraterrestre

Quand bien même l'Univers serait habité, il faudrait encore que ses habitants puissent venir nous rendre visite. Ils ne le pourraient que s'ils en avaient les moyens matériels, et après nous avoir repérés. Comment ?

Les ufologues ont inventé toutes sortes de raisons tendant à faire croire que des voyages aussi longs sont du domaine du possible pour une civilisation plus avancée que la nôtre. Épinglons au passage ces prétentieux qui nient la relativité et ses conséquences ou ces fumistes qui nous parlent de choses aussi inconsistantes que les univers parallèles et les voyages dans le temps. Admettons, pour simplifier, que les extraterrestres aient les moyens de venir jusqu'à nous. Il reste tout de même à expliquer comment ils ont pu nous repérer, nous qui habitons une poussière de l'infini.

Deux hypothèses ont été avancées : nous avons été découverts à cause de nos explosions nucléaires ou à cause des ondes radios que notre planète laisse échapper en tous sens dans l'univers.

Disons-le tout net, c'est impossible.

En dehors de notre système solaire, nos explosions nucléaires resteraient totalement invisibles et indétectables. C'est un point qui n'est pas discutable. Quant à croire que ce sont nos signaux radios qui ont alerté les extraterrestres... Réfléchissons une seconde : si les extraterrestres ont capté nos signaux, c'est que comme nous ils utilisent ce système de communication. Alors pourquoi n'avons-nous jamais détecté leurs signaux dans l'espace ? Des ufologues y ont cru dans les années cinquante. Il existe à ce sujet un ouvrage très curieux écrit par George Hunt Williamson et intitulé *The Saucers speak*. Il fut édité à Londres par Neville Spearman.

Bref, les ufologues sont incapables d'expliquer le pourquoi et le comment de la venue des extraterrestres. Il est même piquant de constater que l'argument le plus défavorable à la thèse extraterrestre fut forgé par les ufomanes. Nous voulons parler de leurs fichiers d'observations.

Croyant bien faire, les ufologues ont multiplié les enquêtes et ont "établi" que des dizaines de milliers d'O.V.N.I. ont été observés depuis 1947.

De deux choses l'une : ou les O.V.N.I. sont en nombre restreint, mais tournent inlassablement dans nos cieux, déclenchant ainsi un nombre considérable d'observations, ou ils sont en nombre réellement très élevé et ne font ici que de brèves incursions. La seconde solution se heurte à une impossibilité mathématique et statistique : elle supposerait un trafic interplanétaire et interstellaire fantastique et, bien entendu, toute l'industrie nécessaire à la fabrication de tous ces engins et de leur maintenance. Et tout cela pourquoi ? Pour surveiller une planète dont les "animaux" sont tous prisonniers, encore, de l'espace proche... Les deux solutions se heurtent encore à une autre difficulté insurmontable : s'il y a dans nos cieux quelques O.V.N.I. en permanence ou un grand nombre d'O.V.N.I. pendant très peu de temps chaque fois, comment ne sont-ils pas repérés à la fois par le grand nombre de pilotes qui sont en permanence dans les airs et par les radars sophistiqués chargés de démasquer les incursions de n'importe quel "ennemi" potentiel ?

Toutes ces difficultés, nées d'un grand nombre de rapports O.V.N.I. dont se gargarisaient les ufologues ont provoqué, depuis quelques temps, un net repli stratégique de la part de ces chercheurs parallèles. Bien sûr, disent-ils aujourd'hui, les O.V.N.I. existent; mais les rapports O.V.N.I. sont beaucoup plus nombreux que les *vrais* O.V.N.I.

C'est ce qu'avaient dit les premières commissions d'enquête!

Mais que doit-on penser des quelques "vrais" O.V.N.I., du fameux "résidu" dont parlaient ces premières commissions d'enquêtes?

Les ufologues modernes admettent que leurs fichiers ont longtemps contenu un grand nombre de faux O.V.N.I. Ils en contiennent encore puisque "le ménage" n'a jamais été fait, ou si peu (pour se donner bonne conscience). Qu'est-ce qui prouve donc que la totalité des fichiers n'est pas un ramassis de canulars, de mauvaises interprétations, d'illusions, etc? À cela les ufologues répondent qu'ils ont à leur disposition "des cas en béton". Hélas pour eux, à chaque fois qu'ils désignent un de ces cas "irréductibles", il y a toujours un petit malin (et c'est souvent un ufologue qui veut prouver qu'il est plus futé que ses semblables) pour descendre en flammes ledit cas.

Autre question : quel avantage y a-t-il à conserver ces fameux fichiers remplis (les ufologues l'admettent) de faux O.V.N.I.? C'est, répondent les ufologues, parce qu'ils sont précieux pour effectuer des statistiques. Des statistiques sur quoi? Sur les O.V.N.I., répondent candidement les ufologues!

Quoi qu'il en soit, quand bien même on ne conserverait que cinq pour cent de tous les cas contenus dans les fichiers des ufologues, on aurait encore beaucoup trop d'O.V.N.I. pour pouvoir admettre qu'ils sont extraterrestres et les mêmes difficultés subsisteraient. Les ufologues semblent bien condamnés à jeter leurs fichiers pour pouvoir continuer à prétendre que les O.V.N.I. existent, mais qu'ils sont rares! Singulier cercle vicieux.

Des ufologues ont cru s'en tirer en renonçant à l'hypothèse extraterrestre. Pour montrer qu'ils étaient sérieux, ils ont commencé par démolir celle-ci (ce qui a dû faire plaisir à leurs compères!) et, ensuite, ils ont proposé de nouvelles idées. Nouvelles, c'est beaucoup dire puisque certains d'entre eux n'ont rien trouvé de mieux que les bons vieux ectoplasmes du XIXe siècle. D'autres, fervents de la science-fiction, ont proposé les voyageurs de la quatrième dimension, ce qui ne veut strictement rien dire du point de vue scientifique.

À la recherche de preuves

Des ufologues jugèrent préférable de prendre le problème par le bon bout. En matière de science, en effet, il convient que l'on prouve ce que l'on affirme comme un fait positif. Il suffisait (!) donc de prouver, une bonne fois pour toutes, que les O.V.N.I. existaient.

Ceux-là se mirent réellement à chercher. Et plus ils cherchèrent, moins ils trouvèrent.

C'était comme si les O.V.N.I. leur glissaient entre les doigts; à moins, chose toujours possible, que les O.V.N.I. eux-mêmes se soient joué de nous. D'où un nouveau délire paranoïaque : les O.V.N.I. nous leurrent, nous sommes des cobayes sur lesquels on tente une expérience cosmique. Selon ce point de vue, les pilotes d'O.V.N.I. sont venus ici dans le but d'envahir notre planète.

Le sommet fut atteint par les ufologues qui virent derrière tout cela la main de Satan. Rien de moins. Le Diable, à les en croire, est de retour; il vient une fois de plus tromper et séduire les hommes.

Tous les ufologues n'en arrivèrent pas à des conclusions aussi "dramatiques". La plupart assistèrent, navrés et impuissants, à l'écroulement de leurs rêves.

Des preuves, ils n'en trouvèrent ni dans les photographies, ni dans les "traces d'atterrissages", ni dans les "morceaux d'O.V.N.I.", ni dans les effets électromagnétiques engendrés, disait-on, par les O.V.N.I.

Les statistiques? On parla longtemps de celles de Claude Poher. Elles semblaient démontrer l'existence de constantes qui excluaient le hasard ou la mystification. Un examen rigoureux les fit s'écrouler comme un château de cartes. Les constantes étaient propres aux récits colportés maladroitement d'un ufologue à l'autre par le canal des "bulletins spécialisés".[1]

Jan Heering, un ufologue qui s'était penché sur le phénomène extrêmement curieux des faisceaux de lumière tronquée ou courbe qui avaient été signalés à de nombreuses reprises lors d'observations rapprochées d'O.V.N.I., finit par renoncer purement et simplement à l'ufologie. Au fil de ses études, il découvrit que non seulement tous ces cas étaient inconsistants, mais aussi que les groupes et revues ufologiques étaient malhonnêtes, en ce sens où on refusait systématiquement de publier des corrections quand elles étaient signalées, par peur de jeter le discrédit sur l'ensemble des dossiers. Ainsi il existe des multitudes de cas qui, après avoir été publiés, furent élucidés par des enquêteurs méticuleux; mais ces cas demeurent, pour le public non averti, "non identifiés". On n'imagine pas ce que les ufologues se disent dans les coulisses ni ce qu'ils s'échangent par courrier. Le véritable dossier ufologique est VIDE. Cela finira par se savoir.[2]

Un homme est passé

En 1977, Michel Monnerie, un ufologue français, créa la plus vive sensation.

Après avoir brusquement ouvert les yeux sur l'incohérence de ses croyances ufologiques, il les jeta d'un seul coup aux orties et s'empressa d'écrire un livre à ce sujet de peur que quelqu'un d'autre le fasse avant lui. Effectivement, à l'époque, quelques ufologues se faisaient remarquer par leurs démarches très nouvelles et l'on sentait bien qu'on était à la veille d'un grand tournant. Pour la première fois la psychologie et la critique historique faisaient leur apparition dans l'ufologie. Cela *devait* forcément provoquer d'importants changements...

---

1. BOURRET (J.C.), *Le nouveau défi des O.V.N.I.*, Paris, F. Loisirs, 1976, p. 242-263; *Inforespace*, Bruxelles, n° 7 hors série, décembre 1983, p. 5; *O.V.N.I. Présence*, Aix en Provence, n° 27, p. 30 sqq.
2. *Tijdschrift van S.L.V.T.*, Antwerpen, April 1984, p. IV, 19-20, April 1985, p. III-IV.

Monnerie fut le premier qui flanqua un grand coup de pied dans la fourmilière en publiant *Et si les O.V.N.I. n'existaient pas?*

Trop rapidement écrit, ce livre comportaient de sérieux défauts qui furent exploités autant que possible par les ufologues qui refusaient d'ouvrir les yeux. Le vent de panique, de consternation et de fureur que suscita cet ouvrage souffla sans discontinuer jusqu'à ce que Michel Monnerie publie un second ouvrage, mieux charpenté que le premier et à propos duquel, cette fois, les critiques jugèrent préférable de ne pas trop parler.

Publié en 1979 aux Nouvelles Éditions rationalistes, *Le Naufrage des extraterrestres* racontait comment le mythe extraterrestre avait évolué au départ de la croyance en la pluralité des mondes.

Au même moment et aux mêmes éditions, des amis de Monnerie, MM. Barthel et Brucker, publièrent *La grande peur martienne* où ils mettaient en pièces la fameuse "grande vague" d'observations françaises de 1954. Encouragés par Monnerie, ces deux ufologues avaient réexaminé tous les cas cités par les grands ufologues. D'un contrôle à l'autre, de contre-enquête en contre-enquête, ces deux chercheurs découvrirent que la fameuse "vague" n'avait jamais existé que dans les journaux, lesquels avaient rapporté n'importe quel canular, n'importe quelle observation erronée et en situant les faits en des lieux et à des dates pour le moins fantaisistes. Aimé Michel avait pourtant bâti une théorie pseudo-scientifique pompeusement baptisée "Orthoténie" au départ de coupures de presse qui, contrairement à ce qu'on avait dit jusque-là, n'avaient jamais fait l'objet de vérifications élémentaires.

On nous permettra de citer ici quelques réflexions de ces trois ufologues qui en disent long sur ce qu'ils découvrirent et mirent en évidence dans leurs ouvrages.

Michel Monnerie : "Les coupures de presse et les enquêtes bâclées sont un excellent matériel pur une étude socio-psychologique ou une critique historique. En aucun cas elles ne peuvent servir d'éléments de base pour l'étude scientifique d'un phénomène considéré comme matériel; les détails "significatifs" variant d'une source à l'autre, sans qu'il soit possible de savoir laquelle est la bonne, et même, s'il y en a une de bonne. "[1]

Barthel et Brucker : "... nos fichiers, inestimables trésors, ne sont que des ramassis de bonnes plaisanteries. "[2]

Et Michel Monnerie, encore : "Décidément, les ufologues sont les seuls, avec les journalistes, à réussir une broderie avec une alène de cordonnier, et personne ne s'en rend compte! Seule la broderie importe, la grossièreté du travail n'étonne pas. (...) L'ennui, quand on retire une pierre angulaire, c'est que l'édifice s'écroule. Reconnaissons le talent des auteurs de livres ufologiques qui réussissent à faire prendre à leurs lecteurs un tas de gravats pour un monument. "[3]

On repart à zéro... et on y reste!

On imagine la tête des ufologues devant une telle charge menée, de surcroît, par "trois des leurs"! Tout fut fait pour que cela ne se sache pas à l'étranger. S'il exista jamais une censure à propos des soucoupes volantes, c'est bien en cette circonstance-là qu'elle se montra active. Il existe plusieurs manières de réduire l'impact d'un livre : on peut en minimiser la portée en disant qu'il est inutile, dérisoire, et n'apporte rien de neuf. On peut aussi user de la calomnie et prétendre, par exemple, que l'auteur est un fou ou un plagiaire. On peut aussi le présenter de façon caricaturale en déformant autant que possible son contenu.

Le pavé lancé dans la mare par Monnerie eut, parfois, des effets qu'on n'aurait pu imaginer au départ. Ainsi, par exemple, des amateurs d'étrange qui se sentaient pour le moins consternés par les critiques de Monnerie, Barthel et Brucker tentèrent de se justifier en faisant retomber toute la responsabilité sur d'autres. En l'espace de quelques mois, dans les coulisses de l'ufologie, on

---

1. MONNERIE (M.), *Le naufrage des extra-terrestres*, Paris, Nouvelles Éditions rationalistes, 1979, p. 125.
2. BARTHEL (G.) et BRUCKER (J.), *La grande peur martienne*, Paris, Nouvelles Éditions rationalistes, 1979, p. 99.
3. MONNERIE (M.), *Le naufrage des extra-terrestres*, p. 24 et 83.

assista à une formidable campagne de délation : on apprit que tel ufologue était un incapable, tel autre un menteur, tel autre, enfin, un "Marseillais"...

Monnerie, sans cesse sur la brêche durant un certain temps encore, tomba un jour sur une petite merveille d'enquête : un ufologue qui, malgré des calculs qu'il croyait irréprochables, avait confondu la Lune avec un O.V.N.I. ! Monnerie qui est *avant tout* un astronome amateur, fit, avec cette courtoisie qui n'appartient qu'à lui, un "carton". On apprit alors que l'ufologue-enquêteur-rédacteur n'étant pas capable de faire lui-même les calculs qui s'imposaient s'était adressé à un éminent confrère, lequel était alors président d'une association ufologique considérée comme prestigieuse! C'était pire encore que tout ce qu'on aurait pu imaginer...[1]

Ce n'était pas encore tout. Sous l'impulsion de Monnerie, on examina de plus près les travaux de la commission officielle d'étude des O.V.N.I. en France. Ils contenaient les plus graves erreurs! Autrement dit, l'État français avait débloqué des crédits pour entretenir quelques incompétents qui tuaient le temps en s'occupant, officiellement, d'O.V.N.I. Et pendant ce temps-là, des laboratoires sérieux connaissaient presque la misère![2]

Réalisant que la crédibilité de l'ufologie ne tenait plus qu'à un fil, des ufologues soucieux de *leur image* prirent conscience qu'il fallait impérativement balayer devant leur porte. Mais voilà : à force de balayer et de faire à fond le ménage, ils finirent par épousseter les vieux bibelots et les trouvèrent fêlés. Quelques-uns, brisés, avaient été grossièrement recollés.

Les cas expliqués finirent par former la plus intéressante des collections. Ainsi apparaissait-il clairement qu'en présence de phares de voiture, de ballons, d'avions ou de satellites les gens s'étaient trouvés paralysés comme s'ils avaient été touchés par le mystérieux "rayon" d'une arme martienne! Mieux encore, ces témoins avaient décrit des sensations de chaleur, de froid, de

---

1. *Inforespace*, Bruxelles, n° 61, septembre 1982, p. 6-9.
2. *Science et Vie*, Paris, avril 1980, p. 27 sqq.

picotements, bref tout l'arsenal des "effets physiologiques" qui, jusque-là, avaient été attribués au "rayonnement" des O.V.N.I. Dans un cas, une dame fut paralysée par un "rayon" qui n'était autre qu'une série d'appels de phares lancés par son époux. Dans d'autres cas, des témoins parlèrent de rangées de hublots, de voix ou de chocs dans la tête alors qu'ils n'avaient vu qu'un météore ou une banale étoile dans le ciel.

Tout cela, Philipp Klass et Donald Menzel l'avaient déjà dit et prouvé bien des années auparavant dans des livres publiés aux États-Unis et, hélas, jamais traduits en France. Depuis tout ce temps, les ufologues français s'étaient contentés de répéter, sur la foi des commentaires de leurs confrères américains, que Menzel et Klass n'étaient que d'affreux bornés. Donald Menzel fut un des plus brillants astrophysiciens contemporains. Il fallait avoir de l'audace pour accuser un tel homme de fraude scientifique!

L'ufologie s'est donc érigée sur la foi de témoignages douteux qui étaient sans cesse répétés, transformés, déformés, magnifiés et... jamais contrôlés. Peu d'ufologues français ont lu les ouvrages de Menzel et Klass et peu d'ufologues américains ont lu les ouvrages de Monnerie. Tout est là. Le mythe s'auto-entretient.[1]

Témoignages et psychologie

Tout paraissant indiquer que des témoins pouvaient décrire de " vrais O.V.N.I. " sans en avoir même jamais vu, l'idée vint à des psychologues et des sociologues de tester la chose. On fit appel à des volontaires et on démontra qu'en effet des gens n'ayant jamais vu d'O.V.N.I. étaient capables d'en fournir d'excellentes descriptions. Même sous hypnose, ces " faux témoins " racontèrent les mêmes choses que les gens qui disaient avoir été enlevés, réellement, par des extraterrestres. Dans les récits obtenus sous hypnose chez des gens à qui on avait suggéré qu'ils avaient eu un contact avec des extraterrestres, on découvrit les mêmes éléments que dans les récits de "vrais témoins", à savoir des détails touchant

1. *Inforespace*, Bruxelles, n° 61, septembre 1982, p. 16 , n° 62, février 1963, p. 4 sqq., n° 7, hors série, décembre 1983, p. 11-12.

à la sexualité et au " traumatisme de la naissance ". Cela dépassait la compétence des ufologues.

Du coup, un grand nombre de témoignages obtenus grâce à l'hypnose, dont les ufologues avaient fait jusque-là grand cas, apparurent suspects.[1]

Plus récemment, de nouveaux tests ont établi ce que les ufologues avaient jusqu'ici formellement contesté à savoir que beaucoup de gens qui observent des O.V.N.I. sont des déséquilibrés et ont d'évidentes tendances paranoïaques et schizophrènes. Qui se ressemble s'assemble, dit-on, et ceci permet de mieux comprendre les réactions et les agissements de beaucoup d'ufologues et de groupes ufologiques.

Bien entendu, les tests dont nous parlons ici n'ont pas fait l'objet d'une ardente publicité dans les revues " sérieuses " qui diffusent l'information ufologique. C'eût été trop beau ![2]

Les O.V.N.I. en Union soviétique

Certaines fausses rumeurs ont la vie dure. Ainsi a-t-on souvent prétendu que derrière le rideau de fer les savants soviétiques s'occupaient beaucoup d'O.V.N.I., encouragés en cela par leur gouvernement. C'est faux ! Les " savants " dont on nous cite si souvent les noms n'en sont pas. Ils sont tout, en vérité, sauf des chercheurs scientifiques spécialisés dans l'étude du ciel ou de la météorologie. Il a en outre été établi qu'une certaine presse de là-bas recopie et plagie la presse ufologique occidentale. Des chercheurs parallèles occidentaux s'emparent périodiquement de tels plagiats pour annoncer triomphalement qu'ils sont le reflet de recherches originales menées en U.R.S.S.[3]

---

1. *Science et Vie*, Paris, septembre 1979, p. 82 ; *MUFON UFO Journal*, Scottsdale Arizona, December 1977, p. 7-9, February 1978, p. 8-9; *MUFFON UFO Symposium Proceeding*, Scottsdale Arizona, July 16-17, 1977, p. 106-135.
2. *U.R.I.P./U.P.I.A.R.*, Milano, vol. 1, n° 1, 1982, p. 41-43; *U.P.I.A.R. Colloquium 1982 (U.P.I.A.R.) Proceeding*, Milano, p. 141-145.
3. DEGAUDENZI (J.L.), *Les O.V.N.I. en Union soviétique*, Nice, Lefeuvre, 1981, p. 164-165.

Les extraterrestres ramèneront Elvis Presley

Il serait aisé, bien entendu, de livrer à nos lecteurs une multitude d'exemples montrant à quel point, souvent, les ufologues se sont trompés. Mais une telle accumulation d'exemples ne prouverait rien pour ou contre l'existence des O.V.N.I. Il faut pourtant dire qu'aux États-Unis un bon nombre de gens croient que des extraterrestres vivent déjà parmi nous. Ils exerceraient même les métiers d'accoucheurs et de sage-femmes. Quand un bébé mort-né vient au monde, ils l'échangeraient contre un bébé extraterrestre qu'ils ont toujours en réserve.

Voilà comment, selon un grand nombre d'Américains, les extraterrestres sont en train de nous envahir peu à peu.

Elvis Presley fut un de ces bébés. Il n'est pas mort. Ou plutôt il fut ramené à la vie par une soucoupe volante qui fut aperçue à plusieurs reprises, planant au-dessus de sa tombe, dans la villa de Graceland à Memphis. Un jour, le " King " et tous ceux qui ont été ramenés à la vie comme lui et vivent actuellement sur une autre planète (Kennedy, Martin Luther King, etc.) apparaîtront sur tous les écrans télévisés du monde et nous livreront un message d'amour et de paix...[1]

Ce n'est là qu'un échantillon, parmi beaucoup d'autres, de ce que peuvent croire, aujourd'hui, des personnes crédules. Cela se dit, se colporte, s'imprime en notre siècle de raison!

Ce type de crédulité n'a rien de neuf. De tous temps les humains se montrèrent incapables d'accepter la mort de leurs héros réels ou imaginaires. Les résurrections dans l'Antiquité et tout au long du Moyen Âge — elles furent nombreuses — trouvent dans ce refus de la mort leur principale origine. Plus près de nous la vie légendaire du comte de Saint-Germain qui ne se prétendit jamais lui-même immortel, mais que des témoins affirmèrent avoir rencontré longtemps après sa mort (réelle) n'est qu'une variante de cette infirmité intellectuelle, de même que la croyance aux

1. MUNDO (L.), *The Mundo UFO report*, New York, Vantage, 1982, p. 48-49 et 129-131.

fantômes et aux esprits. Très près de nous, cette fois, il s'est trouvé des gens pour refuser d'admettre la mort de James Dean. Selon ses fans, il serait simplement défiguré et on aurait enterré un autre à sa place. On a dit la même chose pour J.F. Kennedy, et on a même publié des photos peu convaincantes le montrant, infirme, dans un fauteuil roulant, sur l'île de Scorpios où vivaient Jacqueline et Aristote Onassis. Le mythe du héros défiguré qui réapparaît a été exploité dans de nombreux romans et films. Il n'est, lui aussi, qu'une variante du mythe principal qui trouve ses racines dans le refus de la mort. Dernière variation : le héros n'est pas mort "bêtement" comme on l'a dit; on l'a tué. Ainsi a-t-on dit que la mort d'Elvis Presley était énigmatique, de même que celle de nombreux acteurs, actrices, chanteurs et chanteuses. Récemment on a mis en doute la mort naturelle de Claude François et même celle de Coluche. Ne s'agissait-il pas d'assassinats déguisés? La même chose a été dite à propos de la mort d'un grand nombre d'ufologues. Ces gens auraient été les victimes de mystérieux agents d'une puissance inconnue dont la mission est de réduire au silence le maximum de "témoins". Ces mystérieux agents, les "Hommes en Noir", dont on a dit qu'ils étaient peut-être des extraterrestres, ont tout l'air d'être une personnification de Satan ("l'homme noir", parfois vu sous la forme d'un chien ou d'un bouc), des forces du mal ou de la mort elle-même, la Grande Faucheuse du Tarot.[1]

Prodiges et merveilles dans les anciennes chroniques

Un certain nombre d'ufologues crurent utiles de chercher la preuve de l'existence des O.V.N.I. non dans les récits d'observations contemporains, mais bien dans les chroniques anciennes, voire même antiques. Comme à l'époque, pensaient-ils, nul n'avait encore pu être "contaminé" par la science-fiction, les descriptions que l'on trouverait dans les anciennes chroniques ne manqueraient pas de peser lourd dans la balance.

---

1. VAN GENNEP (A.), *La formation des légendes*, Paris, Flammarion, 1917, p. 189; MELLOT (J.), *La superstition, ersatz de foi*, Paris, Fayard, 1959, p. 110-111; *France Dimanche*, Paris, n° 1 329, 22-28 février 1972.

Ces ufologues se livrèrent à une fouille désordonnée de toutes sortes de chroniques et de textes anciens dont ils purent prendre connaissance. Totalement dénués de la moindre formation historique, étant tout au plus comme Suétone (qu'ils aiment citer) des compilateurs d'anecdotes plus curieux de pittoresque que de vérité, ils ramenèrent de leurs " fouilles " une masse considérable de récits étranges, complètement coupés de leurs contextes respectifs et les interprétèrent, à leur façon, c'est-à-dire comme autant d'observations ufologiques.

Toutes les erreurs qu'on peut imaginer se retrouvent dans la démarche et les exposés de ces historiens parallèles; même les erreurs de traduction.

Claude Kappler qui a étudié sérieusement la littérature de la fin du Moyen Âge consacrée aux prodiges de toutes sortes a fort bien expliqué le pourquoi et le comment de l'apparition de ces récits ô combien abondants à l'époque...

L'homme du Moyen Âge, dit Claude Kappler, concevait qu'un individu qui avait beaucoup voyagé devait avoir vu un grand nombre de merveilles et de monstres de toutes sortes. Qui ne disait pas avoir vu de telles choses passait pour n'avoir pas voyagé dans les pays lointains. Discourir à propos des monstres et des merveilles était donc, pour nos ancêtres, faire la preuve d'une certaine culture. On comprend immédiatement pourquoi cette façon de penser excitait l'imagination des fumistes...

Ceux dont tout le monde savait qu'ils n'avaient guère voyagé, mais qui savaient lire et écrire et qui passaient pour des érudits dérogeaient à cette règle en prétendant avoir rencontré des témoins de bonne foi qui annonçaient pour certain (*pro certo*) l'existence de prodiges qu'ils disaient avoir vus de leurs propres yeux en des pays lointains. Ainsi vit le jour une ample littérature basée sur des rumeurs, des bruits, des récits incertains, des légendes colportées de bouche à oreille et même... des inventions pures.

En outre, ainsi que l'a indiqué Patrice Boussel dans son introduction à la réédition du livre d'Ambroise Paré intitulé *Des monstres, des prodiges, des voyages*, nos ancêtres considéraient que c'était faire preuve de respect envers leur Créateur que de s'intéresser autant que possible aux merveilles de Sa Création. Ainsi, Paré, Boaistuau, Thevet et Lycosthène, comme avant eux Pline, Aristote, Hérodote et bien d'autres, décrivirent-ils, en nombre extraordinaire, des prodiges de toutes sortes, croyant ainsi rendre hommage au Créateur.[1]

Il est un ouvrage antique que les ufologues ne citent jamais et pour cause : celui de Lucrèce intitulé *De la nature*. Lucrèce, qui vécut dans la première moitié du Ier siècle avant Jésus-Christ, était un auteur antireligieux. À travers son livre, consacré aux merveilles de la nature, il cherchait à prouver que tous les phénomènes peuvent s'expliquer raisonnablement, sans qu'il soit nécessaire de faire intervenir l'une ou l'autre divinité. Lucrèce dénonçait du même coup les superstitions et les religions des hommes. Il enseignait que le monde n'était pas venu de rien, que l'âme de l'homme n'était pas immortelle et qu'il n'y avait pas de dieux qui précipitaient, par exemple, la foudre vers le sol. Il parlait du ciel, du Soleil, des étoiles, de la Lune et des éclipses, du volcanisme, de la foudre, des illusions de la vue, du goût et de l'ouïe... et pas la moindre allusion à un "prodige" quel qu'il fût! C'est qu'en effet Lucrèce ne ressentait aucun besoin de flatter les dieux en s'émerveillant de choses qui n'existaient pas. Abordant la question des animaux fabuleux, Lucrèce disait qu'un grand nombre d'espèces s'étaient éteintes, mais qu'il n'y avait jamais eu, par exemple, de centaures ou d'autres animaux fabuleux de ce genre. Et, quittant prestement ce sujet peu intéressant, il recommençait à disserter à propos des origines de l'homme, de l'invention du feu, de la foudre et de ses effets, des nuages et des phénomènes météorologiques, des éruptions de l'Etna, des trombes marines, des épidémies... Tout cela, soutenait Lucrèce, est compréhensible par l'homme; il n'y a point de mystère qui puisse lui rester caché, point de dieu même qui se joue de lui ou le poursuive de ses colères.[2]

---

1. PARÉ (A.), *Des monstres, des prodiges, des voyages*, Paris, Libr. Club du livre, 1963, p. 8-9.
2. LUCRÈCE, *De la nature*, Paris, Les Belles Lettres, 1947, p. IX.

Claude Kappler a mis le doigt sur une autre particularité de cet attrait que nos ancêtres manifestèrent toujours pour les prodiges. À travers les monstres et certains " avertissements célestes ", c'était l'angoisse du " corps mal vécu " qui transparaissait. Toute la littérature ancienne consacrée aux prodiges, aux merveilles, aux monstres, aux démons et à la possession infernale se caractérise, en effet, par la manifestation d'une sexualité refoulée ou débridée.[1]

Or, c'est aussi la sexualité qui forme la trame d'un grand nombre de récits ufologiques où l'on raconte que des extraterrestres ont enlevé des gens, les ont dévêtus et les ont entièrement examinés, prélevant même, parfois, du sperme ou des ovules. Sexualité encore quand des hommes ou des femmes affirment avoir eu des relations sexuelles — contraintes ou non — avec des extraterrestres. Sexualité encore quand un contacté raconte qu'il a été emmené sur une planète de gens nus. Sexualité, toujours, quand des gens racontent qu'ils ont vu débarquer des extraterrestres entièrement nus, dotés ou non d'organes génitaux.

L'évidence est criante; mais les ufologues trop prudes, ou refoulés eux-mêmes, refusent de l'admettre.

À force de s'intéresser aux prodiges, nos ancêtres, comme les ufologues d'aujourd'hui, finirent par en voir partout ou se crurent obligés d'en voir. D'une part ils exagérèrent ou déformèrent la description de phénomènes parfaitement naturels et d'autre part ils inventèrent des prodiges dont le symbolisme transparent était destiné à frapper les imaginations à propos d'un événement important ou d'une croyance religieuse. Des aurores boréales, la foudre ou des éclairs de chaleur furent pris pour des avertissements célestes. Des chutes de météorites, des passages de comètes, la foudre en boule, devinrent autant de batailles célestes avec hommes en armes, chevaux et navires. Des apparitions d'êtres célestes (anges, démons, animaux, Jésus, ses apôtres ou la Vierge), des globes de feu ou des croix lumineuses annoncèrent la mort de personnages célèbres, la fin de grandes batailles, des conversions. La volonté ou le courroux divin pouvaient se lire, à chaque

1. KAPPLER (C.), *Monstres, démons et merveilles à la fin du Moyen Âge*, Paris, Payot, 1980, p. 279.

instant, dans le ciel et, en général, dans tous les phénomènes de la nature.

Les ufologues ont cru découvrir dans tout cela des apparitions d'O.V.N.I. Ils prirent pour des *faits* irrécusables des hallucinations, des superstitions, des symboles et même des procédés littéraires !

Les érudits savent pourtant ce que valent tous ces prodiges. Ainsi, à l'époque pas si lointaine où les Jésuites furent chassés de Chine, il y eut une masse d'observations de croix lumineuses célestes qui, bien sûr, ne furent signalées que par les missionnaires ![1]

Les ufologues ont voulu ignorer que nos ancêtres avaient autant besoin de merveilleux, sinon davantage, que nos contemporains. Les chroniques anciennes rapportent un nombre considérable de prodiges et de miracles auxquels personne ne saurait croire : hommes sans tête, avec les yeux et la bouche à hauteur des seins, êtres mi-homme mi-animaux, saints transportant du feu dans les plis de leurs vêtements ou imposant le silence à des grenouilles ou encore ressuscitant des oiseaux cuits à la broche, etc. Cela, les ufologues veulent l'ignorer, ce qui est bien commode pour eux ! À les en croire, nos ancêtres étaient capables de croire aux choses les plus absurdes, mais nous devons pourtant retenir de leurs récits tout ce qui se rapporte aux prodiges célestes. Encore faut-il parfois beaucoup d'imagination pour reconnaître un O.V.N.I. dans les prodiges célestes dont nous parlent les vieilles chroniques! Quand il est question d'un navire volant, toutes voiles dehors, entouré d'hommes en armes, de chevaux, de gens vêtus d'armures, etc., où donc est-il question d'O.V.N.I. dans tout cela ? C'est un O.V.N.I. concluent pourtant péremptoirement les ufologues.

Les ufologues ne semblent pas avoir compris que la croyance aux O.V.N.I., de même que celle au diable, aux sabbats et aux

---

1. PARÉ (A.), *Des monstres, des prodiges, des voyages*, p. 288-289; ROGER (H.), *Les miracles*, Paris, Crès, 1934, p. 32-47; DE COLONIA (D.), *La religion chrétienne autorisée par le témoignage des anciens auteurs païens*, Paris, Gauthier, 1826, p. 24, 32, 42, 98 et 101; FLAMMARION (C.), *Astronomie populaire*, Paris, Flammarion, 1890, p. 610-611 et 687; RAMBOSSON (C.), *Les astres*, Paris, Firmin Didot, 1891, p. 259-261.

monstres célestes relevait d'une véritable intoxication culturelle collective.

N'est-il pas symptomatique, par exemple, que l'ufologue John Keel en soit arrivé à prétendre que les contactés ont, comme jadis les sorciers, des "marques" (du diable) grâce auxquelles ils peuvent être identifiés.[1]

En parcourant les ouvrages des grand spécialistes du folklore ancien et moderne, on découvre que nos ancêtres et nos contemporains ont toujours été animés des mêmes craintes auxquelles ils ont donné des formes différentes.

Ainsi, en pays flamand, est censé vivre le démon Osschaard. Un récit nous révèle une rencontre entre un paysan et cet être surnaturel. Subitement, le paysan sent sur ses épaules un poids extraordinaire. Il est contraint de s'écrouler. Il veut crier, mais aucun son ne sort de sa bouche. Il voudrait courir, mais il est paralysé. Voulant se saisir du démon qu'il suppose au-dessus de lui, ses mains ne rencontrent que le vide. Il veut regarder autour de lui, mais une étrange obscurité lui masque tout le paysage. Il sombre dans l'inconscience. Quand il revient à lui, tout est redevenu normal, mais le démon lui a emporté ses provisions. Il a perdu la notion du temps et ne sait exactement combien de temps cette affreuse expérience a duré.

On croirait lire une moderne rencontre rapprochée du troisième type. Tout y est : les "effets psychologiques", le "prélèvement" des provisions, la distorsion spatio-temporelle... Ajoutons que le démon en question est un proche cousin du Nikker, ce dernier étant petit, noir, doté d'une tête énorme, de pieds et de mains palmés, vêtu d'un costume vert retenu par une ceinture d'écailles... tout le portrait d'un extraterrestre-type ! Mais attention ; répétons-le, tout ceci appartient bel et bien au domaine des croyances folkloriques.[2]

---

1. KEEL (J.), *The Mothman Prophecies*, New York, New Amer. Libr., 1976, p. 156 ; MASTERS (R.E.L.), *Eros et les interdits*, Anvers, Beckers, 1969 ; TURMEL (J.), *Histoire du diable*, Paris, Rieder, 1931.
2. VAN HAGELAND (A.), *La mer magique*, Verviers, Marabout, 1973, p. 78-81 et 89.

C'est parce que l'apparence physique des extraterrestres est à ce point semblable à celle des êtres légendaires qui peuplent le folklore de tous les peuples du monde que certains ufologues, comme Jacques Vallée, ont déclaré très sérieusement que tous ces êtres mythiques avaient été d'authentiques pilotes d'O.V.N.I.[1]. Il est vrai que le même Vallée, qui est ingénieur de formation, a conclu tout aussi péremptoirement que les apparitions de la Vierge étaient d'authentiques apparitions d'O.V.N.I.![2]

La dernière trouvaille dans le domaine des rencontres rapprochées du troisième type est la distorsion spatio-temporelle à laquelle nous faisions allusion plus haut. Selon ce que croient savoir les ufologues, le temps ne s'écoulerait plus de la même façon pour la victime d'une rencontre rapprochée avec un O.V.N.I. Entré quelques minutes dans un O.V.N.I., un homme pourrait en ressortir avec une barbe de plusieurs jours. De plus, survolée par un O.V.N.I., une voiture pourrait faire en quelques minutes un trajet qui, normalement, lui aurait pris plusieurs heures. La distorsion spatio-temporelle se déduit également des observations des témoins qui ont constaté que le paysage où ils se trouvaient leur était devenu étrange. Certains ont parlé de détails s'estompant dans une brume épaisse; d'autres de paysages où les constructions et les êtres paraissaient appartenir à une autre époque ou à une autre contrée, la végétation elle-même pouvant paraître n'être pas celle que l'on rencontre habituellement dans tel lieu.

Toutes ces choses ne sont pas nouvelles. Nos ancêtres les ont déjà décrites.

Ainsi, dans le chapitre XVIII d'un apocryphe célèbre, le *Protévangile de Jacques*, il est question d'un prodige saluant la naissance de Jésus : le temps cessa de s'écouler, tout fut suspendu, y compris les oiseaux en plein vol.[3]

---

1. VALLÉE (J.), *Le collège invisible*, Paris, Albin Michel, 1975, chap. VII.
2. HALLET (M.), *Que penser des apparitions de la Vierge?*, P.-M. Favre éd., 1985.
3. AMIOT (F.), *Évangiles apocryphes*, Paris, Fayard, 1952, p. 60.

Tous ces témoignages soulignent simplement les interrogations que l'homme, depuis toujours, s'est posées à propos de la nature du temps.

La Bible et les soucoupes volantes

Les chroniques anciennes ne suffisant pas à certains ufologues pour prouver que les O.V.N.I. nous avaient toujours " surveillés ", ils cherchèrent des choses plus concrètes que des récits. Ils s'arrêtèrent à des tableaux de maîtres puis, remontant toujours plus loin dans le passé, pointèrent du doigt des fresques, des bas-reliefs, des statuettes antiques et, enfin, des peintures rupestres. Ce fut là que se rencontrèrent les ufologues et les archéologues parallèles.

Un autre filon sur lequel se penchèrent certains ufologues fut la Bible. D'emblée, sans aucune formation spécifique, ils s'estimèrent capables d'en " traduire " tous les récits allégoriques, symboliques et mythologiques. En se payant le luxe de tout ignorer des travaux de la critique historique, ces ufologues débusquèrent des extraterrestres et des soucoupes volantes dans une foule de textes de l'Ancien et du Nouveau Testaments. Quelques-uns, poussant très loin leurs thèses, proposèrent une sorte de nouvelle histoire sainte peuplée d'extraterrestres bienveillants ou irrascibles venus régler leurs comptes ici, en terrain neutre, par humains interposés. On osa même affirmer gravement que l'homme n'était rien d'autre qu'une créature fabriquée par les extraterrestres dans un laboratoire dont le nom de code était " Eden ". Celui qui popularisa le plus largement cette idée-là, Brinsley Le Poer Trench fut, par la suite, fait comte de Clancarty. À ce titre, il lança un débat à propos des soucoupes volantes à la Chambre des Lords, le 18 janvier 1979.[1]

L'ignorance donne des ailes à l'imagination. Doit-on pour autant excuser toutes ces divagations ? Excuserait-on l'impertinent qui, ne connaissant rien aux mathématiques, se mêleraient de prétendre que les traités d'algèbre décrivent, en un langage qui

1. *Flying Saucer Review*, London, Vol. 24, n° 6, p. 1 (published in April 1979).

n'est accessible qu'aux initiés, la meilleure façon de réaliser une fumure naturelle pour cultiver du rutabaga ? Non. On expulserait un tel individu de toutes les maisons d'édition et de tous les endroits où il pourrait pérorer. Pourquoi, dès lors, excuse-t-on les ufologues quand ils nous racontent des choses à ce point ineptes qu'elles en deviennent scandaleuses ?

L'ignorance est absolument excusable, c'est certain; mais l'outrecuidance, elle, ne l'est pas. Et ce qu'il faut regretter, c'est que trop peu d'éminents hommes de sciences forts de leur grand prestige scientifique, remettent à leur place, comme ils le méritent, les faquins et les hystrions qui se mêlent de refaire le monde du haut d'une pile de quelques livres qu'ils ont généralement mal compris.

Un arbre à oiseaux moderne

Depuis bien des années, des chercheurs indépendants *sérieux* sont arrivés aux mêmes conclusions que toutes les commissions officielles américaines : la plupart des O.V.N.I. n'en sont pas. L'analyse cas par cas permet d'identifier le plus grand nombre des observations. L'identification devient plus difficile à mesure que la qualité des observations ou des témoins diminue. Quand au résidu qualifié trop hâtivement d'inexplicable, il est formé par une série de phénomènes rares, mais connus, même si ce n'est qu'imparfaitement; citons, pêle-mêle, les lueurs et boules lumineuses qui apparaissent avant, pendant et après certains séismes ou événements tectoniques, les foudres en boule, les phénomènes de nature plasmatique dont les origines paraissent multiples et les variantes nombreuses, les phénomènes de bioluminescence qui font intervenir des essaims d'insectes électrisés ou non et les myriades d'animalcules qui forment le plancton (cas des roues lumineuses observées dans les océans), etc.

Quant au reste des cas, dans lesquels on ne doit comprendre que les mystifications et les rumeurs, ils ne sont rien d'autre qu'une version moderne de l'arbre à oiseaux.

L'arbre à oiseaux n'exista jamais; mais on en parla pourtant pendant cinq siècles, quelques-uns ayant même déclaré formellement qu'ils l'avaient *vu.*

C'est au XIIe siècle que Giraud de Cambrai écrivit pour la première fois quelque chose à propos de cet arbre merveilleux. On pensa que des moines avaient pu inventer la chose pour pouvoir faire bonne chair les jours de pénitence en arguant qu'ils ne mangeaient pas de viande mais bien le pur produit d'un végétal peu commun. Dans le doute, Innocent III prohiba cette nourriture en 1215. Cinquante ans après que Giraud de Cambrai eut parlé de cet arbre qui donnait des oiseaux, Albertus Magnus proclama que tout cela n'était que légende et tissu d'absurdités.

Thomas de Cantimpré, contemporain d'Albertus Magnus, ne voulut pas admettre cette opinion. Au contraire, écrivit-il, cet arbre existait; et la preuve c'est qu'Aristote, en son temps, avait déjà décrit ce végétal dont les fruits se changent en oiseaux. Et de citer à l'appui de ses dires un extrait d'Aristote... que nul ne retrouva jamais dans les œuvres de ce dernier!

Notons en passant que Giraud de Cambrai n'avait pas dit que les oiseaux naissaient des fruits de l'arbre, mais bien du bois de celui-ci voguant à la dérive des courants...

Il advint que la traduction du livre de Thomas de Cantimpré fut un des premiers livres qui fut imprimé. La légende de l'arbre à oiseaux se répandit dès lors comme traînée de poudre.

On discuta longtemps pour savoir où croissait cet arbre. On le situa tour à tour dans les Flandres, le Kent, l'Irlande et, enfin, dans les îles Orcades. Des témoins très honorables et sérieux crurent l'avoir vu et le firent savoir.

En plein XVIIe siècle, on en discutait encore.

Bah! nous dira-t-on, cela se passait il y a bien longtemps. Certes. Mais la légende de l'arbre mangeur d'hommes, elle, est beaucoup plus récente et certains chercheurs parallèles, comme Peter Kolossimo, y croient encore.

C'est en 1924, dans un livre qui parut à New York, qu'un certain Chase Salmon Osborn cita sur ce sujet une lettre censée avoir été écrite par un explorateur à Madagascar en 1878. Il est aujourd'hui établi que cette lettre n'était qu'une plaisanterie. Ce faux témoignage en inspira pourtant d'autres, tout aussi faux; et, périodiquement, on reparle de l'arbre (ou de la plante) mangeur d'hommes. À en croire les descriptions, toutes très farfelues, il en existerait un grand nombre d'espèces différentes. On dit la même chose des O.V.N.I....

Il existe une différence fondamentale entre les deux légendes que nous venons de rapporter en quelques mots. La seconde est basée exclusivement sur des faux-témoignages et une analogie, lointaine, avec les plantes carnivores qui sont justes capables de "manger" de petits insectes. La première, par contre, résulta d'une série de confusions faites au départ d'observations *éparses* qui n'avaient aucun rapport entre elles ou qui furent erronément interprétées, y compris au point de vue linguistique. Willy Ley a dressé l'intéressant historique de toutes ces confusions.[1]

Comment ne pas rapprocher la légende de l'arbre à oiseaux de celle des O.V.N.I.?

La croyance aux O.V.N.I. est en effet essentiellement basée sur des témoignages vagues ou contradictoires ainsi que des faits historiques, météorologiques, physiques, biologiques même qui sont interprétés à sens unique souvent après avoir été déformés ou coupés de leurs contextes respectifs. L'ufologie, tous comptes faits, n'est qu'un incroyable bric-à-brac constitué par une foule de ramasseurs d'anecdotes, d'éplucheurs d'arguties et de ravaudeurs de guenilles.

Les témoignages

On a écrit sur la non-fiabilité du témoignage humain des

---

1. STEVENS (R.), *À la recherche du monde perdu*, Paris, Bonne, 1954, p. 87-100; KOLOSSIMO (P.), *Frères de l'infini*, Paris, Albin Michel, 1977, p. 173-174; LEY (W.), *Animaux fabuleux et Créatures imaginaires*, Paris, Julliard, 1964, chap. XIII et III.

centaines d'articles et de volumes et, pourtant, le témoignage humain reste, pour les ufologues, la quasi totalité de leur " matériel expérimental ".

L'ufologue Michel Carrouges s'est longuement penché sur cette question. Au terme de réflexions profondes, il avait jadis conclu que les enfants de Prémanon, en France, n'avaient pas menti et qu'ils avaient vu, sans aucun doute, quelque chose d'extraordinaire. Ces enfants ont grandi. L'un d'eux, devenu aujourd'hui un chercheur scientifique, a reconnu que toute cette histoire d'atterrissage de soucoupe volante dont lui et ses copains avaient jadis parlé n'était qu'une plaisanterie enfantine. Comme quoi le plus qualifié des ufologues en ce qui concerne la fragilité des témoignages peut se tromper lourdement.[1]

À propos de la fragilité du témoignage humain et de la facilité avec laquelle on peut créer, de toutes pièces, une "vague O.V.N.I.", on nous permettra de citer deux exemples précis.

Au début du siècle, à Goettingue, les participants d'un congrès académique (qui étaient tous médecins, psychologues ou juristes) assistèrent à un drame. Brusquement, la porte de la salle où ils se tenaient s'ouvrit. Un homme habillé en clown entra comme un fou, poursuivit par un homme de couleur, armé d'un revolver. Après une courte dispute et un échange d'injures, l'homme de couleur abattit le clown et s'enfuit sans demander son reste. Ces deux hommes venaient, chacun le comprit d'emblée, de la fête publique proche où l'on avait organisé un bal masqué. Visiblement ému, le président du congrès calma tout le monde et pria chacun d'écrire un rapport, car il y aurait certainement enquête judiciaire... En fait, tout n'était que mascarade. Chaque détail du " drame " avait été minutieusement mis au point par deux comédiens qui avaient accepté, ainsi, de participer à un test effectué sur les congressistes à leur insu.

Les résultats furent consternants.

---

1. BARTHEL (G.) et BRUCKER (J.), *La grande peur martienne*, Paris, N.E.R., 1979, p. 92.

Quarante rapports furent rédigés. Un seul avait moins de 20 % d'erreurs; quatorze eurent de 20 à 40 % d'erreurs; douze de 40 à 50 % d'erreurs et treize plus de 50 % d'erreurs. Dans six rapports, moins de 10 % des détails avaient été inventés. Dans vingt-quatre rapports, le taux d'inventions dépassait 10 %. Dans les dix autres rapports, le nombre de détails purement inventés était tel qu'on aurait dû considérer ces textes comme autant de faux témoignages ! [1]

Le second exemple est beaucoup plus proche de nous.

En novembre 1973, cinq personnes de Beert, en Belgique, décidèrent de monter un canular ufologique pour prouver que les vagues d'observations d'O.V.N.I. n'ont aucune valeur statistique ou autre et que l'information ufologique est mal ou pas du tout contrôlée.

Deux photographes fabriquèrent un trucage qui fut remis à la rédaction d'un journal qui publia un article dans son édition du samedi 3 novembre. Du lundi qui suivit jusqu'au vendredi, ce journal ne cessa de recevoir de nombreux témoignages. En l'espace de quelques jours, une vague O.V.N.I. déferla sur Beert. Elle ne dura pas longtemps, car c'est alors que les mystificateurs jetèrent le masque. Leur démonstration, annoncèrent-ils, était concluante.

La supercherie avait été bien menée. Le témoin avait exigé l'anonymat et n'avait demandé aucune somme d'argent pour son cliché, de quoi écarter les suspicions simplistes. Le cliché figurait sur un rouleau de pellicule après de banales photos de famille et la description de l'O.V.N.I., inspirée de nombreuses lectures ufologiques, était « typique ». Le témoin principal avait assuré ne rien connaître aux O.V.N.I. et avait été assez prudent pour retirer de sa bibliothèque les ouvrages concernant ce sujet.

Que croyez-vous que les ufologues firent ?

Ouvrirent-ils les yeux après avoir réfléchi ?

---

1. VAN GENNEP (A.), *La formation des légendes*, Paris, Flammarion, 1917, p. 158-159.

Pas du tout! Ils se déclarèrent scandalisés, ni plus ni moins. Cela vaut la peine d'être cité : " ... afin que l'on sache que la S.O.B.E.P.S. déplore ce genre de procédé, même si le but recherché est désintéressé. Car non seulement, on abuse de la bonne foi d'un journaliste mais on accentue l'incertitude du public quant à la réalité du phénomène; on ridiculise tout simplement des milliers de témoins qui, depuis bon nombre d'années et ce, sous toutes les latitudes, ont observé et relaté des manifestations étranges d'un phénomène qu'on ne parvient toujours pas à expliquer. "[1] *Credo! Credo!*

Une religion primitive... moderne

Quelle différence y-a-t-il entre un ufologue et un primitif? La question n'est pas choquante, vous allez voir...

Le primitif croit à des êtres dotés de pouvoirs surnaturels qui habitent la nature, chaque parcelle de celle-ci ayant une âme ou un esprit propre. Il croit percevoir des dieux et rencontrer des mystères là où il n'y a que des phénomènes qu'il ne peut comprendre parce que sa compréhension est limitée à ce qui est simpliste. Il croit pouvoir s'entretenir avec les dieux et en obtenir des bienfaits.

Les croyances de l'ufologue, comme celles du primitif, ne reposent que sur une compréhension simpliste des choses : l'O.V.N.I. explique tout, même ce qui n'a existé que dans l'imagination ou par fraude. L'O.V.N.I. est donc le dieu de l'ufologue, et l'ufologie qui vénère ce dieu partout n'est qu'une croyance animiste qui, bien que moderne, n'en est pas moins primitive par essence.

---

1. *Inforespace*, Bruxelles, n° 13, p. 28-29.

CONCLUSIONS

Au terme du présent panorama, forcément incomplet, des sciences parallèles, il est possible de dégager quelques conclusions d'ordre général.

À l'évidence, le chercheur parallèle s'oppose à la science qu'il dit officielle et aux représentants de celle-ci, qu'il accuse souvent de "tromper le public" ou de censurer et dissimuler *La Vérité*. Cependant, c'est *toujours* vers cette science officielle que le chercheur parallèle se tourne pour cautionner la valeur de ses thèses.

Einstein qui, dans l'esprit étroit de beaucoup de chercheurs parallèles, constitue en quelque sorte la personnification même de la science officielle, fut à la fois décrié et admiré par eux. Ils l'admirèrent quand ils le citèrent en faveur d'une science parallèle et le décrièrent quand la science qu'il incarnait se dressait contre des thèses insensées.

Ainsi, on a fait dire à Einstein que les soucoupes volantes étaient pilotées par un peuple qui avait quitté notre planète il y a dix mille ans, chose que ce savant n'avait évidemment jamais dite. On a cherché à le faire déposer à la barre des témoins en faveur de Reich, Velikovsky, Rhine et quelques autres, en déformant ses propos ou en interprétant abusivement quelques mots gentils qu'il avait prononcés par simple courtoisie. À l'inverse, on a tu certaines de ses conclusions nettement tranchées, comme par exemple celle concernant la parapsychologie qui était, selon lui, une insulte à la raison et une discipline qui prétendait étudier des phénomènes qui n'existaient pas.

Si les chercheurs parallèles tentent d'obtenir de la science " officielle " une certaine caution, voire même une reconnaissance pure et simple de la valeur de leurs travaux, c'est qu'ils savent pertinemment que leurs recherches apparaissent à tout un chacun comme qualitativement très inférieures à celles réalisées par les véritables scientifiques. Et s'ils combattent ces scientifiques, c'est justement parce qu'ils les envient et qu'ils voudraient les voir disparaître pour prendre leur place. Voilà résumée, en quelques mots, la simple vérité qui justifie et explique certains aspects de la psychologie des chercheurs parallèles.

Ceux-ci sont, nous l'avons montré, généralement paranoïaques, mégalomanes et souvent, même, sectaires.

Il est tout à fait normal que le chercheur parallèle qui exprime des idées insensées ou délirantes provoque un haussement d'épaules ou la colère chez l'homme de science. Cette réaction de *rejet* nourrit la paranoïa de celui qui, à force d'émettre des idées originales, va se prendre toujours davantage pour un génie incompris et bafoué. En fait, c'est toujours à un faux génie qu'on a affaire; il n'a généralement aucun talent particulier et son originalité n'est, à tout prendre, qu'une forme d'aliénation.

Les faux génies sont nombreux. Ils sont totalement accaparés par une chimère qui les empêche peu à peu de faire quoi que ce soit correctement. De telles personnes deviennent bientôt mauvais ouvrier, mauvais employé, mauvais commerçant ou mauvais médecin, tant leur attention et leurs pensées sont perpétuellement distraites et dominées par une idée fixe et par la ou les *V*érités cachées dont elles se croient investies et qu'elles se figurent avoir pour *M*ission de répandre à la surface du monde en dépit des pièges que leur tendent, partout, les scientifiques ennemis du genre humain.

Chez ces gens-là, l'idée fixe se sacralise en quelque sorte. Chaque nouvelle réflexion absurde devient une nouvelle " découverte " qui corrobore l'idée-mère. Tous ces raisonnements faux ou boiteux se mêlent, s'entremêlent et finissent par former un pot-pourri qui, aux yeux du faux génie est plus clair, plus simple et plus évident que tout ce qui a précédé. " Ça marche ! ", s'écrie-t-il; et n'importe quoi peut l'en convaincre toujours davantage...

Ces faux génies ont un orgueil excessif qui les empêche de s'instruire véritablement avant de créer. Se croyant les premiers dans leurs domaines, ils imaginent que rien de sensé n'a pu être dit avant eux. Ils ne liront donc des livres que pour y puiser les faits qui confirmeront leur idée fixe. Ils négligeront, voire même ne remarqueront pas, le reste, *tout le reste*!

Ils souffrent d'une véritable boulimie de la communication. Ils parlent beaucoup, organisent des conférences, des réunions de tous genres qu'ils baptisent parfois pompeusement "symposium" ou "colloque", par mimétisme avec la science officielle. Mais surtout, ils écrivent, de jour, de nuit même. Ils s'écrivent entre eux, proposent gracieusement des articles, des résumés, des critiques à toutes sortes de bulletins. Bien mieux, ils rêvent d'écrire une *Somme*; et souvent, ils placent ici et là un ou plusieurs manuscrits qu'un grand éditeur, qui leur donnera la consécration, publiera pour quelque obscure raison. Ces faux génies sont avant tout préoccupés par la diffusion de leur message aux générations actuelles et à venir.

Qu'ils soient la risée des gens sérieux et bien informés ne les trouble pas, bien au contraire, car pour eux les rôles sont renversés : les rieurs sont les idiots, et eux sont les savants ou les initiés. Ils sont pareils à ce fou qui, derrière les grilles de son asile, interpellait un passant en lui lançant : "Il y a longtemps que vous êtes là-dedans ?"

Rien ne les effraie. Du haut des quelques livres de vulgarisation qui ornent leur bibliothèque et qu'ils ont souvent mal digérés, ils interpellent tous les spécialistes, les accusant de ne rien connaître ou de falsifier les expériences ou les résultats qu'eux-mêmes communiquent dans un langage incompréhensible. Stupéfaits ou amusés, les spécialistes ne se donnent même pas la peine de répondre à de pareilles invectives. C'est peut-être un tort; car les agités, tout aussitôt, prennent ce silence pour une victoire. Voilà !, s'écrient-ils, les savants n'osent même pas nous répondre tant est grande leur ignorance.

Tout ceci, et bien d'autres détails, porte témoignage de la stagnation dans l'infantilisme et l'immaturité qui paraissent communes aux chercheurs parallèles.

Bien entendu, tous les chercheurs parallèles ne sont pas de grands faux génies. Il y a, pourrait-on dire, différents stades dans cette forme particulière d'aliénation. Tous ne doivent pas être enfermés, loin s'en faut ! La plupart, même, ont une vie tranquille et ne se font guère remarquer. Ceux-là ont une famille et un métier qu'ils exercent bien. Ce sont les obscurs des sciences parallèles, ceux qui, le plus souvent, n'ont guère fait d'autres recherches personnelles que la lecture, abondante, des grands faux génies qui découvrent (!) pour eux ces Vérités cachées qu'ils espèrent, qu'ils attendent. Ils hantent les librairies spécialisées où on les reconnaîtrait entre mille, restent suspendus à leur courrier qui leur apportera peut-être la précieuse réponse d'un de ces génies auxquels ils osent, parfois, écrire... Ils vivent, en fait, une existence assez misérable, mais qui leur suffit car elle est, pour eux, la plus grisante des aventures dans l'Inconnu.

Il semble que la manie de la recherche parallèle naisse de l'ennui ou, du moins, du désir de rompre avec une certaine monotonie. Jadis, les faux génies des sciences occultes étaient, pour la plupart, des gens qui n'avaient pas à travailler pour manger ! Nantis dès leur naissance, ou par mariage ou par héritage, ils se seraient profondément ennuyés s'ils n'avaient pu se consacrer, à plein temps, à leurs fumeuses recherches. Aujourd'hui, il n'est pas étonnant que la plupart des chercheurs parallèles se rencontrent parmi les enseignants, les employés et les médecins. Ceux-ci sont en effet astreints à des tâches intellectuelles certes, mais peu épanouissantes. On trouve cependant des chercheurs parallèles au sein des scientifiques. Ces individus, heureusement rares, sont généralement des gens que leurs recherches ne passionnent plus guère, peut-être bien parce qu'ils n'ont aucun génie véritable. Ils veulent trouver dans les fausses sciences quelque chose comme une nouvelle sorte de loisirs. La recherche parallèle leur repose l'esprit et leur permet de s'évader du banal quotidien tout en ayant l'air de se consacrer à quelque chose de plus sérieux et de plus constructif que la science-fiction.

On pourrait entreprendre, sur ce point précis, une vaste étude socio-psychologique. Avis aux amateurs...

Il ne suffit pas de cerner la psychologie des chercheurs parallèles. Il faut aussi savoir identifier, rapidement, leur singulière dialectique et leurs méthodes anti-scientifiques là où elles peuvent se glisser.

Ils sont habiles à confondre certains termes comme par exemple *affirmation* et *fait*. Au lieu d'écrire : "Tel auteur affirme que... ", ils écriront tout naturellement : "Voici un autre fait...", et ils enchaîneront en proposant une simple affirmation non contrôlée en guise d'un événement bien établi. Comme ils se prennent pour seule référence valable en matière de vérité scientifique ou historique, ils confondent leur opinion avec l'opinion générale et la vérité commune. S'ils *pensent que*, ils écriront donc : "Il est bien connu que" ou "Il a été démontré que". Entre ces expressions, il y a des nuances capitales auxquelles les chercheurs parallèles deviennent peu à peu imperméables.

Dans leurs écrits qui se veulent démonstratifs, les chercheurs parallèles sont passés maîtres pour créer l'ambiance insolite. Au départ de vagues conjectures ou de rumeurs qu'ils rapportent en disant "il semble que", "il se pourrait bien que", "ne peut-on imaginer que" ou encore "et si on avait cru à tort jusqu'ici que" ils aboutissent généralement à des démonstrations incongrues qu'ils présentent en disant : "force est d'admettre que" ou encore "il faut bien reconnaître que", voire même "reconnaissons que". La démonstration abracadabrante est ainsi proposée comme une nécessité logique à laquelle il n'est pas possible de se soustraire.

Il faudrait pouvoir consacrer tout un ouvrage à cette dialectique pseudo-scientifique dont nous ne donnons ici que quelques exemples.

Persuadé qu'il détient *La* Vérité, le chercheur parallèle ne verra généralement aucun mal à enjoliver les faits, voire à les créer de toutes pièces pour convaincre ses auditeurs ou ses lecteurs. Ce faisant, il croira agir dans l'intérêt de la vérité. C'est absurde; mais c'est ainsi que raisonnent les gens qui sont la proie d'une idée fixe ou qui sont devenus sectaires. Ils justifient toujours par n'importe quel moyen une croyance préétablie, au contraire de l'homme de science qui cherche, sans a priori, l'explication d'un phénomène. Sur ce point précis, on pourrait presque dire que la logique du chercheur parallèle est inverse de celle du chercheur scientifique.

Le devoir de fournir la preuve est également inversé. Pour le scientifique, c'est à celui qui affirme la réalité d'un fait de prouver celle-ci. Pour le chercheur parallèle, au contraire, c'est à celui qui nie la valeur d'une affirmation de prouver qu'elle est mensongère ou fausse. Une telle méthode autorise les chercheurs parallèles à affirmer n'importe quoi tant qu'on ne sait pas leur prouver qu'ils ont menti, ou qu'ils sont complètement dans l'erreur, ce qui n'est pas facile. Ce renversement ou cette inversion du devoir de faire la preuve est une caractéristique *fondamentale* de toutes les sciences parallèles qui affirment n'importe quoi sans jamais trouver nécessaire de donner la moindre preuve. Or, pourtant, quand un ufologue, par exemple, écrit qu'il n'est plus à démontrer que les O.V.N.I. existent, on est bel et bien en droit d'exiger de sa part la moindre preuve convaincante qu'il dit vrai !

À grand coups d'affirmations gratuites, des chercheurs parallèles construisent des édifices de conjectures qui sont proposés comme autant de facettes d'une réalité occultée par la science officielle. En quelques phrases, on peut faire s'effondrer toutes ces belles constructions, mais aussi se mettre à dos, à jamais, des ennemis jurés. Car le chercheur parallèle ne supporte pas la contradiction. Pour lui, il est naturel que l'on plie devant ses extravagances qu'il tient pour choses éminemment sensées.

Quand un chercheur parallèle *condescend* à proposer une preuve "irréfutable" en faveur de ses thèses, elle est souvent fausse ou totalement dénuée d'intérêt. De telles "preuves", sans valeur aucune, sont sans arrêt répétées par les faux génies et leurs disciples.

On nous permettra de donner un dernier exemple précis...

Dans la plupart des livres modernes concernant l'Atlantide, on signale que des prélèvements à grande profondeur en plein

Atlantique ont permis de ramener à la surface des roches et du sable qui, compte tenu de leur structure, n'avaient pu se former qu'à l'air libre. La conclusion invariable qui est proposée à propos de ce fait réel, puisé dans les ouvrages du géologue P. Termier, est que ces pierres et ce sable firent jadis partie d'une grande terre immergée qui ne peut avoir été que l'Atlantide. Cette conclusion fait totalement abstraction d'un phénomène longuement décrit dans un ouvrage aussi répandu que *Quand la terre tremble* de Haroun Tazieff. En fait, explique Tazieff, des courants sous-marins d'une force colossale sont créés par des séismes et transportent très loin roches et sables des côtes, brisant sur leur passage les cables sous-marins.

Voilà : tant que cette pseudo-preuve décisive claironnée par les atlantomanes ne sera pas dénoncée haut et clair par un grand nombre de spécialistes reconnus comme Tazieff, elle continuera à être reprise comme fut sans cesse reprise jadis en faveur de la télépathie l'expérience du Nautilus qui n'avait même jamais été tentée !

À chaque époque ses mythes, ses croyances et ses messes !

Quoi qu'on fasse, quoi qu'on dise, il se trouvera toujours des paranoïaques, des mystiques et des illuminés pour canaliser la foule des simples et des inquiets dont une des caractéristiques psychologiques est la croyance en l'irrationnel, au merveilleux et au miracle.

Et combien irresponsables sont ceux qui, hommes de science, journalistes ou éditeurs, entretiennent la crédulité humaine en ne réagissant pas, en laissant faire ou, pire, en encourageant cette plaie intellectuelle !

TABLE DES MATIÈRES

Introduction 7

I. LES BALIVERNES DE L'HISTOIRE

La pyramidologie 11
Piazzi Smyth, 11. Pyramides et ondes de forme, 13. Jongleries numériques, 15. La géographie sacrée, 16. La malédiction des Pharaons, 18.

Le catastrophisme 21
Immanuel Velikovsky, 21. Ignatius Donnelly et Hans Hoerbirger, 24. Pierre Duval-Chauvin..., 24. Les géants du passé, 26. Lobsang Rampa et Phylos, 29.

Les réviseurs de l'histoire 33
Les grands initiés, 33. Madame Blavatsky, 33. La vie sur Seraneb, 34. Jacques Bergier et Louis Pauwels, 35. Robert Charroux, 37. Erich Von Daniken, 40. Tour d'horizon de quelques inepties, 42. L'attitude des véritables historiens et archéologues, 46.

II. LE FATRAS DES SCIENCES OCCULTES, DE LA MÉTAPSYCHIQUE ET DE LA PARAPSYCHOLOGIE

Les sciences occultes 51
L'alchimie, 51. Richard Saint-Germain : un immortel s'est suicidé, 55.

Le spiritisme 59
Les sœurs Fox, 59. Les "matérialisations" médiumniques, 60. Un spirite nommé Flammarion, 62. Vérifications élémentaires, 64.

Démonologie et sorcellerie 67
Courte histoire de l'Inquisition, 67. Tragiques exorcismes modernes, 69.

La télépathie et ses dérivés 71
Beaucoup de bruit pour rien..., 71. L'expérience du Nautilus, 72. Astronautes et télépathie, 72. Les traités du docteur Osty et du professeur Richet, 73. Bergson et la métapsychique, 74. De la métapsychique à la parapsychologie, 75. Uri Geller et ses émules, 76. Feu le professeur Rhine, 79. L'expérience Alpha, 80. Voir avec la peau des fesses, 80.

Le fluide humain 83
Une croyance très ancienne, 83. L'Od de Reichenbach, 84. Les moteurs fluidiques, 87. L'aura du docteur Kilner, 87. Quelques sottises anciennes ou récentes, 89. Le ridicule n'a pas tué Max Heindel, 91. Wilhelm Reich, le martyr de l'orgone, 92. Le suicide du physicien Blondlot, 94. Photographies de fluide vital, 94. Les détecteurs de fluide vital, 96. Les auras Kirlian, 97. La sensation d'intégrité des amputés, 100. Visions héautoscopiques et extériorisation de la conscience, 101. L'érotisme des photographies Kirlian, 102. Fluide humain et magnétiseurs, 103.

La conscience végétale 105
La vie émotionnelle des plantes selon Backster, 105. Les erreurs de Backster, 107. Avant Backster : Ron Hubbard et Abrams, 109. Les travaux de sir Jagadis Chunder Bose, 109. Maurice Maeterlinck et Raoul France, 110. Réalité et fiction à propos des plantes, 110.

Lamas et yogis 113
Les légendes colportées par Jacolliot, 113. Aux Indes et au Tibet, des "sages" sans aucun pouvoir mystérieux, 114.

La marche sur le feu, 116.

Prophètes et voyants 119
Les *Centuries* de Nostradamus, 119. La prophétie de saint Malachie, 120. La prophétie d'Orval, 120. La voyance ou l'art d'être vague, 121. Les prémonitions, 122. L'effet Jupiter, 122.

III. L'UNIVERS DES DINGUES

Les thèses folles 127
La Terre vivante, 127. Les sciences et la philosophie revues et corrigées par Louis Jacot, 128. L'art de piper les dés en quatre volumes : Charles Fort, 130.

La vie ailleurs 135
Les origines, 135. Des soucoupes dans Platon et Aristarque, 138. Un pont sur la Lune, 143. Des constructions sur la Lune, 144.

Les soucoupes volantes 149
Une date mémorable : le 24 juin 1947, 149. Pas de vie ailleurs?, 151. L'impossible hypothèse extraterrestre, 154. À la recherche de preuves, 157. Un homme est passé, 158. On repart à zéro... et on y reste!, 160. Témoignages et psychologie, 162. Les O.V.N.I. en Union soviétique, 163. Les extraterrestres ramèneront Elvis Presley, 164. Prodiges et merveilles dans les anciennes chroniques, 165. La Bible et les soucoupes volantes, 172. Un arbre à oiseaux moderne, 173. Les témoignages, 175. Une religion primitive... moderne, 178.

Conclusions 179

Achevé d'imprimer en février 1992
sur les presses de Guyot
à Bruxelles

Dépôt légal D. 1992 – 2731 – 1